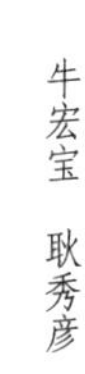

国家出版基金项目
NATIONAL PUBLICATION FOUNDATION

『十三五』国家重点出版物出版规划项目

“文化创意+”生态环境产业融合发展

王 宾 于法稳 著

知识产权出版社
全国百佳图书出版单位

图书在版编目（CIP）数据

“文化创意 +”生态环境产业融合发展 / 王宾，于法稳著 . -- 北京：知识产权出版社，2019.9

（“文化创意 +”传统产业融合发展研究系列丛书 / 牛宏宝，耿秀彦主编 . 第一辑）

ISBN 978-7-5130-6363-0

Ⅰ . ①文… Ⅱ . ①王… ②于… Ⅲ . ①生态环境保护—关系—文化产业—产业发展—研究—中国 Ⅳ . ① X321.2 ② G124

中国版本图书馆 CIP 数据核字（2019）第 140658 号

内容提要

建设生态文明是关系人民福祉、关乎民族未来的大计，是实现中华民族伟大复兴中国梦的重要内容。新时代推进生态文明建设，牢固树立绿水青山就是金山银山的理念，更是有效解决我国社会主要矛盾的重要战略突破口。本书立足于文化创意产业的视角，创新性地提出了生态环境保护是生态环境系统、产业发展系统和人居环境系统三大系统的集成。同时，阐述了文化创意产业与生态环境结合的三种模式，即“文化创意 + 田园综合体模式”“文化创意 + 三产融合模式”和“文化创意 + 生态旅游产业模式”，力图从中找出“文化创意 + 生态环境”融合发展的可行性路径。

责任编辑：李石华　　**责任印制：**刘译文

“文化创意 +”传统产业融合发展研究系列丛书（第一辑）

牛宏宝　耿秀彦　主编

“文化创意 +”生态环境产业融合发展

“WENHUA CHUANGYI+” SHENGTAI HUANJING CHANYE RONGHE FAZHAN

王　宾　于法稳　著

出版发行：	知识产权出版社有限责任公司	**网　　址：**	http：//www.ipph.cn http：//www.laichushu.com
电　　话：	010－82004826		
社　　址：	北京市海淀区气象路50号院	**邮　　编：**	100081
责编电话：	010-82000860转8072	**责编邮箱：**	lishihua@cnipr.com
发行电话：	010-82000860转8101	**发行传真：**	010－82000893
印　　刷：	三河市国英印务有限公司	**经　　销：**	各大网上书店、新华书店及相关书店
开　　本：	720mm × 1000mm　1/16	**印　　张：**	11.5
版　　次：	2019年9月第1版	**印　　次：**	2019年9月第1次印刷
字　　数：	200千字	**定　　价：**	49.00元

ISBN 978-7-5130-6363-0

序言

未来的竞争，不仅仅是文化、科技和自主创新能力的竞争，更将是哲学意识和审美能力的竞争。文化创意产业作为“美学经济”，作为国家经济环节中的重要一环，其未来走势备受关注。

党的十八大提出“美丽中国”建设。党的十九大报告提出“推动新型工业化、信息化、城镇化、农业现代化同步发展”“推动中华优秀传统文化创造性转化、创新性发展”“不忘本来、吸收外来、面向未来、更好构筑中国精神、中国价值、中国力量，为人民提供精神指引”。毋庸置疑，未来，提高“国家内涵与颜值”，文化创意产业责无旁贷。

2014年1月22日，国务院总理李克强主持召开国务院常务会议部署推进文化创意和设计服务与相关产业融合发展。会议指出，文化创意和设计服务具有高知识性、高增值性和低消耗、低污染等特征。依靠创新，推进文化创意和设计服务等新型、高端服务业发展，促进与相关产业深度融合，是调整经济结构的重要内容，有利于改善产品和服务品质、满足群众多样化需求，也可以催生新业态、带动就业、推动产业转型升级。之后，“跨界”“融合”就成了我国国民经济发展，推动传统产业转型升级的热词。但是，如何使文化更好地发挥引擎作用？文化如何才能够跨领域、跨行业地同生产、生活、生态有机衔接？如何才能引领第一产业、第二产业、第三产业转型升级？这些都成了我国经济结构调整关键期的重要且迫在眉睫的研究课题。

开展"'文化创意 +'传统产业融合发展研究"，首先要以大文化观、大产业观梳理出我国十几年来文化创意产业发展中存在的问题，再以问题为导向，找到问题的症结，给出解决问题的思路和办法。

我国发展文化创意产业至今已有十几个年头，十几年来，文化创意产业的发展虽然取得了非常显著的成就，但也存在一些发展中的困难和前进中的问题，制约了文化创意产业的更大、更好发展。习近平总书记的"美丽中国""文化自信""核心价值观"以及"培育新型文化业态和文化消费模式"的提出，无不体现党和国家对文化、文化产业以及文化创意产业的高度重视。2017 年 8 月，北京市提出"把北京打造成全国文化创意产业引领区，打造成全国公共文化服务体系示范区"的发展思路，建设全国文化中心。这可以说再一次隆重地拉开了文化创意产业大发展的序幕，同时也为全国的城市发展和产业转型升级释放出发展的信号，指明了一个清晰的发展方向——建设文化引领下的城市与发展文化引领下的产业。

现在，到了认真回顾发展历程与展望未来的一个重要时间节点。当前，我们应该沉下心来，冷静思考，回顾过去、展望未来。回顾过去是为了总结经验，发现不足，梳理思路，少走弯路，找出问题的症结；展望未来会使我们更有信心。回顾过去的十几年，大致可分为五个阶段。

第一阶段：798 阶段。自 2002 年 2 月，美国罗伯特租下了 798 的 120 平方米的回民食堂，改造成前店后公司的模样。罗伯特是做中国艺术网站的，一些经常与他交往的人也先后看中了这里宽敞的空间和低廉的租金，纷纷租下一些厂房作为工作室或展示空间，798 艺术家群体的"雪球"就这样滚了起来。由于部分厂房属于典型的现代主义包豪斯风格，整个厂区规划有序，建筑风格独特，吸引了许多艺术家前来工作、定居，慢慢形成了今天的 798 艺术区。2007 年，随着党的十七大"文化大发展、大繁荣"战略目标的提出，全国各地的文化创意产业项目开始跃跃欲试，纷纷上马。

在这个阶段，人们一旦提起文化创意产业就会想起 798 艺术区；提起什么才是好的文化创意产业项目，人们也会认为 798 艺术区是个很好的范例。于是，全国各地负责文化产业的党政干部、企事业相关人员纷纷组成考察团到 798 艺术区参观、学习、考察，一一效仿，纷纷利用闲置的厂区、空置的车间、仓库引进艺术家，开始发展各自的文化创意产业。然而，几年下来，很多省市的"类 798 艺术区"不但产业发展效果不明显，有的甚至连艺术家也没有了。总之，大同小异，存活下来的很少。总体来说，这个阶段的优点是工业遗存得到了保护；缺点是盈利模式单一，产业发展效果不尽人意。

第二阶段：动漫游戏阶段。这个阶段涵盖时间最长，基本上可以涵盖2005—2013年，覆盖面最广，范围最大，造成一些负面影响。在这个阶段，文化创意产业领域又出现了一种普遍现象，人们一旦提起文化创意产业就一定会提到动漫游戏；一旦问到如何才能很好地发展文化创意产业，大多数人都认为打造文化创意产业项目就是打造动漫产业项目。于是，全国各省市纷纷举办“国际动漫节”，争先恐后建设动漫产业园，好像谁不建动漫产业园谁就不懂得发展文化创意产业，谁不建动漫产业园谁就跟不上时代的步伐。建设动漫产业园之势可谓是浩浩荡荡、势不可当。浙江建，江苏也建；河北建，河南也建；广东建，广西也建；山东建，山西也建。一时间，全国各省市恨不得都做同样的事，也就是人们都在做同样的生意，因此形成了严重的同质化竞争。几年下来，全国建了一批又一批动漫产业园，大多数动漫产业园基本上又是一个模式、大同小异：很多房地产开发商纷纷打着文化的牌子，利用国家政策，借助政策的支持，跑马圈地。其结果是不但动漫产业没发展起来，甚至是连个像样的产品都没有，结果导致很多动漫产业园又成了一个个空城。归纳一下，这个阶段的优点是游戏得到了很好的发展，尤其是网络游戏;缺点是动漫产业发展不尽人意，动漫产业园更是现状惨淡，可谓是一塌糊涂。

第三阶段：文艺演出、影视阶段。随着文化创意产业发展的不断深入，我国文化创意产业又开始进入文艺演出热阶段，在这个阶段一旦提起文化创意产业，人们又开始认为是文艺演出、文艺节目下乡、文艺演出出国、文艺演出走出去等，可谓是你方唱罢我登场，热闹非凡。在这个阶段，人们都又开始把目光投到文艺演出上，具体表现在传统旅游景点都要搞一台大型的文艺演出、各省市借助传统民俗节庆名义大搞文艺演出活动，甚至不惜花费巨资。2010年1月，随着《国务院办公厅关于促进电影产业繁荣发展的指导意见》的出台，我国又开始掀起电影电视产业发展新高潮。有一项调查表明：2009年、2010年、2011年连续三年每年都拍1000多部影视剧，但是其中20%盈利、30%持平、50%赔钱，这还不包括那些没有被批准上映的影视剧。在全国各省市轰轰烈烈开拍各种各样题材的影视片的同时，一些对国家政策较为敏感的企业，尤其是房地产企业，也把目标瞄向了影视产业，开始建立影视产业园，于是影视产业园如雨后春笋般地出现在全国各省市。其形式同动漫产业园基本类同，不外乎利用政策的支持，变相跑马圈地。

这个阶段的优点是文艺演出、影视得到了相应的发展；缺点是大多数影视产业园名不副实。

第四阶段：无所适从阶段。2013 年，经过前几个阶段后，可以说是直接把文化创意产业推入了一个尴尬的境地，其结果是导致文化创意产业直接进入第四个阶段。可以说，几乎是全国各地各级管理部门、各企事业单位、甚至是整个市场都进入了一个无所适从阶段。在这个阶段，人们认为什么都是文化创意产业，什么都得跟文化、创意挂钩，恨不得每个人都想从文化创意产业支持政策中分得一杯羹。总之，在这个阶段，政府犹豫了，不知道该引进什么项目了；企业犹豫了，不知道该向哪个方向投资了；更多的人想参与到文化创意产业中来，又不知道什么是文化、什么是创意、什么是文化创意产业，真可谓是全国上下无所适从。

第五阶段：跨界·融合阶段。2014 年 2 月 26 日，《国务院关于推进文化创意和设计服务与相关产业融合发展的若干意见》的发布，真正把我国文化创意产业引向了一个正确的发展方向，真正把我国文化创意产业发展引入了一个正确发展轨道——跨界·融合的发展之路。如何跨界、如何融合？跨界就是指让文化通过创造性的想法，跨领域、跨行业与人们的生产、生活、生态有机衔接。融合就是让文化创意同第一产业、第二产业、第三产业有机、有序、有效融合发展。可以这么说，2014 年是我国文化创意产业发展的一个新的里程碑，也是一个分水岭，对我国文化创意产业的良性发展产生了积极的促进作用。

回顾过去五个阶段，我们深深意识到，中国经济进入发展新阶段处在产业转型期，如何平稳转型落地、解决经济运行中的突出问题是改革的重点。现在，虽然经济从高速增长转为中高速增长，但是进入经济发展新常态，必须增加有效供给。文化产业、文化创意产业作为融合精神与物质、横跨实物与服务的新兴产业，推动供给侧结构性改革责无旁贷。

在经济新常态下，文化的产业化发展也进入了一个新常态，在产业发展新常态下，文化产业的发展也逐步趋于理性，文化、文化产业、文化创意产业的本质也逐渐清晰。随之而来的是文化产业的边界被逐渐打破，不再有局限，范围被逐渐升级和放大。因此，促使文化加快了跨领域、跨行业和第一产业、第二产业、第三产业有机、有序、有效融合发展的步伐。

在产业互联互通的背景下，文化创意产业并不局限于文化产业内部的跨界融合，而正在和农业、工业、科技、金融、数字内容产业、城乡规划、城市规划、建筑设计、国际贸易等传统行业跨界融合。文化资源的供应链、文化生产的价值链、文化服务的品牌链，推动了文化生产力的高速成长。

在产业大融合的背景下，文化创意产业以其强大的精神属性渐趋与其他产业融合，产业之间的跨界融合将能更好地满足人们日益增长的个性化需求。打通文化创意产业的上下游链条，提升企业市场化、产业化、集约化程度，是有效推动我国经济结构调整，产业结构转型升级的必然选择。

基于此，我们整合了来自政府部门、高等院校、科研机构、领军行业等的相关领导、学者、专家在内的百余人的研究团队，就"'文化创意 +'传统产业融合发展"进行了为期三年的调查研究和论证，形成了一个较为完善的研究框架。调研期间，我们组成 26 个课题组，以问题为导向，有的放矢地针对国内外各大传统产业及相关行业进行实地调研,深入了解"文化创意 +"在传统产业发展中的定位、作用、重点发展领域以及相关项目。在调研成果基础上，我们从"农业""电力工业""旅游业""金融业""健康业""广告业""会展业""服饰业""动漫游戏""生态环境产业""产城融合""国际贸易"等 26 个角度，全方位剖析"文化创意 +"与传统产业融合发展的路径与模式，力图厘清"文化创意 +"与传统产业融合发展的当下与未来，找到我国经济结构调整、传统产业转型升级的重要突破口。

同时，在每个子课题内容上，从案例解析、专家对话与行业报告等多个层面进行叙述，研究根植于"文化创意 +"传统产业融合发展的实践过程，研究结果也将反作用于"文化创意 +"传统产业融合发展的实践，从提出问题入手，全面分析问题，对趋势进行研判。研究成果将能够为文化建设、文化产业转型升级、传统产业可持续发展的实际提供借鉴，最终探索出"文化创意 +"与传统产业融合发展的现实路径。

截至今日，已完成系列丛书的第一辑，共 12 分册，即《"文化创意 +"农业融合发展》《"文化创意 +"电力工业融合发展》《"文化创意 +"旅游业融合发展》《"文化创意 +"健康业融合发展》《"文化创意 +"金融业融合发展》《"文化创意 +"服饰业融合发展》《"文化创意 +"动漫游戏融合发展》《"文化创意 +"广告业融合发展》《"文化创意 +"会展业融合发展》《"文化创意 +"产城融合发展》《"文化创意 +"生态环境产业融合发展》《"文化创意 +"国际贸易融合发展》。其余的课题，将会陆续完成。

本套丛书紧紧围绕如何服务于党和国家工作大局，如何使文化产生更高生产力，如何使文化发挥引擎作用，引领第一产业、第二产业、第三产业转型升级展开，以问题为导向，本着去繁就简的原则，从文化创意产业的本质问题和26个相关行业融合发展两方面展开。

第一方面以大文化观、大产业观深刻剖析文化创意产业的本质。2016年3月，此课题被列入"十三五"国家重点出版物出版规划项目后,我们随即组织专家学者，重新对文化创意产业的本质问题就以下几个核心方面进行了系统梳理。

1. 文化创意产业的相关概念与定义

文化是人类社会历史发展过程中所创造的物质财富及精神财富的总和。是国家的符号，是民族的灵魂，是国家和民族的哲学思想，是城市与产业发展的引擎，更是供给侧的源头。

创意是指原创之意、首创之意。是智慧，是能量，是文化发展的放大器，是文化产业发展的灵魂，是传统产业转型升级的强心剂，更是新时代生产、生活、生态文明发展的核心生产力。

产业是指行业集群。是国家的支柱，是命脉，是人们赖以生存的根本，更是文化发展、国家经济结构调整的关键所在。

文化创意产业是把文化转化为更高生产力的行业集群。是文化产业与第一产业、第二产业、第三产业的整体升级和放大，是新时代最高级别的产业形态。

2. 我国发展文化创意产业的意义

文化创意产业项目的规模和水平，体现了一个国家的核心竞争力，我国发展文化创意产业，对于调整优化我国产业结构，提高我国经济运行质量；传承我国优质文化，弘扬民族先进文化；丰富人民群众文化生活，提升人民群众文化品位，增强广大民众的历史使命感与社会责任感；培育新型文化业态和文化消费模式，引领一种全新而美好的品质生活方式；提升国家整体形象，提升我国在国际上的话语权，增强我国综合竞争力，促进传统产业的转型升级与可持续发展都具有重大战略意义。

3. 我国发展文化创意产业的目的

我国发展文化创意产业的目的是使原有的文化产业更具智慧，更具内涵，更具魅力，更具生命力，更具国际竞争力，更能顺应时代发展需要；能够使文化发挥引擎作用，激活传统产业，引领其转型升级。

我国发展文化创意产业，从宏观上讲，是赶超世界先进发达国家水平，提升国家整体形象；从微观上讲，是缓解我国产业转型升级压力，弥补城市精神缺失，解决大城市病的问题；从主观上讲，是丰富人民群众文化生活，提升人民群众文化品位，使人民群众充分享受文化红利，缩小城乡居民待遇差距；从客观上讲，是全国人民自愿地接受新时代发展需要的产城融合，配合文化体制、城乡统筹一体化的改革。

总之，我国发展文化创意产业的最终目的是，把文化转化为更高生产力；把我国丰富、优质而正确的文化内容通过创造性的想法融入产品、产业发展的审美之中，融入人们的生产、生活、生态的审美之中，然后按照市场经济的规律，把它传播、植入、渗透到世界各地。

4. 文化创意产业的经济属性、原则和规律

文化创意产业，说到底还是经济行为，既然是经济行为，就应该有经济属性，文化创意产业的经济属性是美学经济，因为文化创意产业的所有板块均涉及如何将丰富的文化内容创造性地融入其产品的审美之中。

美学经济是文化创意产业发展的规律和原则，也就是说原有产业由于美之文化的介入，会增加内涵、提升魅力并形成正确而强大的精神指引，以此促使产业链的无限延伸与裂变。文化创意产业所指的美是需要设计者、创作者等能够充分了解美的一般规律和原则，并遵循这个规律和原则。既然是规律就要遵循，既然是原则就不可违背，所以说文化创意产品必须是美的，不但表现形式美，更要内容美，也就是说一个好的文化创意产品必须是从内到外都是美的，因为美就是生产力。

5. 文化创意的产品特点、产业特征、产业特性

产品特点：原创性，具有丰富、优质、正确、正能量的文化内涵，有一定的艺术欣赏价值和精神体验价值，低成本、高附加值，可以产生衍生品且其衍生品可大量复制、大规模生产，有一条完整的产业链。

产业特征:以文化为本源，以科技为后盾，以艺术体验为诉求，以市场为导向，以产业发展为出发点，以产业可持续发展为落脚点，以创意成果为核心价值，以美学经济为发展原则。对资源占用少，对环境污染小，对经济贡献大。

产业特性：以文化为价值链的基础，进行产业链的延伸与扩展，文化通过创意与相关产业融合使其产业链无限延伸并形成生物性裂变，从而使文化创意产业形成几何式增长。

第二方面了解文化创意与传统产业融合发展的方向、方式和方法。关于这方面内容，在各个分册中有详细阐述。

总之，我国文化创意产业的兴起，标志着生活艺术化、艺术生活化，产业文化化、文化产业化，产业城市化、城市产业化，文化城市化、城市文化化时期的到来；意味着文史哲应用化时期的开始；预示着一种全新而美好的品质消费时代的降临。基于此，在这样一个全新的历史时期，文化创意产业应如何发展？文化创意应如何引领传统产业转型升级？文化创意产业重点项目应如何打造？又如何把它合理规划并形成可持续发展产业？是我国经济发展的迫切需要；是直接关系到能否实现我国经济结构调整、传统产业转型升级并跨越式发展的需要；是我们如何顺应时代潮流，由“文化大国”向“文化强国”迈进的重大战略的需要；是我们有效践行“道路自信、理论自信、制度自信、文化自信”的需要。

在我国经济结构调整、传统产业转型升级的关键时期，要发展我国文化创意产业，就必须加快推进文化创意与传统优质产业融合发展的国际化进程，在生产方式和商业模式上与国际接轨；必须做到理论先行，尽快了解文化创意产业的本质，确立适合自身发展的商业模式；必须尽快提高文化创意产业项目的原创能力、管理水平、产业规模和国际竞争力，在国内与国际两个市场互动中，逐步向产业链上游迈进；在产业布局上，与国际、国内其他文化创意产业项目避免同质竞争，依托我国深厚而多元的文化优势、强大而充满活力的内需市场，加之党和国家的高度重视、大力支持以及社会各界的积极参与。可以预见，一定会涌现出越来越多的属于我国自身的、优秀的独立品牌；必将会形成对我国经济结构调整、传统产业转型升级的巨大推动效应；必将会成为国际、国内一流的战略性新兴产业集聚效应的成功典范；也必将成为国际关注的焦点。

本套丛书的出版，将是新时代理论研究的一项破冰之举，是实现文化大发展、经济大融合、产业大联动、成果大共享的文化复兴的创新与实践。当然，一项伟大的工程还需要一个伟大的开端，更需要有一群敢为天下先的有志之士。纵观中国历史上的文化与产业复兴，没有先秦诸子百家争鸣，就没有两汉农业文明的灿烂；没有魏晋思想自由解放，就没有唐明经济的繁荣；没有宋明理学深刻思辨，就没有康乾盛世的生机盎然。基于此，才有了我们敢于破冰的勇气。

由于本人才疏学浅，其中不乏存在这样或那样的问题，还望各位同人多提宝贵意见和建议；希望能够得到更多有志之士的关注与支持；更希望“‘文化创意 +’

传统产业融合发展研究”这项研究成果，能够成为我国经济结构调整、产业结构转型升级最为实际的理论支撑与决策依据，能够成为行业较为实用的指导手册，为实现我国经济增长方式转变找到突破口。

最后，我谨代表“十三五”国家重点出版物出版规划项目“‘文化创意+’传统产业融合发展研究系列丛书”课题组全体成员、本套丛书的主编向支持这项工作的领导、同人以及丛书责任编辑的辛勤付出表示衷心感谢！由衷地感谢支持我们这项工作的每一位朋友。

是为序！

耿秀彦

2019年3月

前言

党的十八大以来，以习近平总书记为核心的党中央，从“五位一体”总体布局的战略高度，将生态文明融入经济建设、政治建设、文化建设、社会建设各方面和全过程。习近平总书记围绕着生态文明建设，提出了“生态兴则文明兴，生态衰则文明衰”“生态文明建设事关中华民族永续发展和‘两个一百年’奋斗目标的实现，保护生态环境就是保护生产力，改善生态环境就是发展生产力”等一系列新思想新观点新论断，为生态文明建设提供了理论指导和战略导向。建设生态文明是关系人民福祉、关乎民族未来的大计，是实现中华民族伟大复兴中国梦的重要内容。良好生态环境是最公平的公共产品，是最普惠的民生福祉。党的十九大报告也明确要求，加快生态文明体制改革，建设美丽中国。保护生态环境，关系最广大人民的根本利益，关系中华民族发展的长远利益，是功在当代、利在千秋的事业，在这个问题上，我们没有别的选择。全书以文化创意环境下生态文明建设的重要性和紧迫性为主线，以提高生态环境保护为宗旨，创新性提出了生态环境保护的观点。

本书认为，对生态环境保护的认识应该站在全局、战略性角度思考，而不应该仅仅单纯看生态环境本身。因此，创新性地提出生态环境保护是生态环境系统、产业发展系统和人居环境系统三大系统的集成。生态环境系统主要是水环境、土壤环境、草地、森林等自然资源；产业发展系统则主要是农业（面源污染、秸秆利用、规模化养殖和抗生素滥用等问题）、工业和现代服务业的产业协调；人居环境系统主要包括农村和城镇的生活污水处理及垃圾处理等问题。只有实现上述三个系统的健康发展，才能够改善环境质量，才能够补齐生态环保短板，实现绿水青山就是金山银山。

本书指出，发展文化创意产业是贯彻落实"五位一体"的发展新理念的必然要求，是供给侧推动产业结构优化升级的客观选择，更是努力推进健康中国建设、实现可持续发展的现实需要。作为新兴的产业，文化创意产业应该是社会、经济、文化、技术等相互融合的产物。为更好地阐述文化创意产业与生态环境的结合，本书基于产业融合理论，着重阐述了文化创意产业在田园综合体、三产融合和生态旅游等产业中的渗透，探索了文化创意产业与上述三者融合的可行性，并提出了具有针对性的路径选择。其中，文化创意产业与田园综合体的融合模式有优势特色农业产业园区模式、都市近郊型现代农业观光园模式以及农业创意和农事体验型模式；文化创意产业与三产融合的组织模式有农村合作社为主导型、"企业 + 农户"合作社和"企业 + 合作社 + 农户"复合型三种形式；而文化创意产业与生态旅游产业融合有城郊型农家乐模式、科技主导型发展模式和特色创新型发展模式三种模式。

目录

第一章 绪论

文化创意产业与生态环境相融合发展的阐述前提是正确把握“文化创意产业”和“生态环境”的概念内涵与理论基础。本章将从基础理论出发，重点阐述文化创意产业与生态环境的理论内涵，并从产业融合理论的角度论述文化创意产业与生态环境融合发展的可行性。

第一节　文化创意产业的历史背景及深层内涵

一、文化创意产业的内涵

了解文化创意产业的内涵首先要明确文化产业、创意产业的区别，只有将两者之间的关联和区别加以辨识，才能够更加清晰文化创意产业的概念。目前来看，学术界对于文化创意产业的认识和定义并不是统一的，不同学者出于专业知识的不同，对文化创意产业的理解也并不相同。文化产业包含了创意产业的内涵，创意产业是对文化产业的延伸，两者并不能够相互替代，更不能混淆。因此，为了弄清两者的关系，我们从文化产业和创意产业各自的发展历史以及它们的内涵、外延入手进行说明。

（一）国外关于文化创意产业的界定

国外有关创意产业的研究要早于国内，并在一些领域取得了突破性的成就，为我国研究创意产业提供了必要的资料来源。早在 1998 年，英国学者就已经开始对创意产业进行研究，并且在 *Creative Industries Mapping Documents* 一书中就明确提出了创意产业的概念，认为创意产业就是从个人的创造力（individual creativity）、技术才能（skill）和天分（talent）中获取成长动力和发展动力的企业，以及那些通过对知识产权（intellectual property）的开发和运用具有创造财富和就业机会的潜力的活动集合。从这个概念中不难看出，创意产业更加侧重于政策的导向性，目的在于增强英国在全球化经济中的竞争力。随后，各国学者针对创意产业的理解越来越多，美国经济学教授理查德·卡乌斯（Richard Caves）认为，创意产业是提供具有广义的文化、艺术或仅仅是具有娱乐价值的产品和服务的产业，包括视觉艺术，出版业，表演艺术（歌剧、戏剧、演唱会、舞蹈），唱片业，电影，电视节目以及时装设计和游戏等。英国经济学家约翰·霍金斯（John Howkins）从专利授权的角度出发，明确地指出了版权、专利、商标和设计四个产业加总便构成了创意产业和创意经济。

（二）国内关于文化创意产业的界定

国内有关文化创意产业的研究相对滞后于西方国家，厉无畏[①]认为，创意产业与个人创造力和知识产权高度相关，其概念已经超越了一般意义上文化产业的含义，这不仅体现在文化创意产业注重文化的经济化水平，而且更加注重产业的文化水平，并且特别强调文化产业与三次产业的融合与渗透。创意产业，其根本观念是通过“越界”这种方式，促成不同行业、不同层次、不同领域范围内的重组与合作，是一个产业维度的全新概念，与文化产业和内容产业等概念之间既有区别又有联系。金元浦认为，创意产业是以创意为核心，向大众提供文化、艺术、精神、心理、娱乐产品的新兴产业。创意产业是在全球化的大背景下，以信息消费经济时代人们精神层面的文化娱乐需求为发展基础、以技术进步过程中的高科技手段为重要支撑、以互联网等新型传播方式为传导中枢、以文化艺术与经济发展的全面结合为典型特征的跨地域、跨行业、跨部门、跨领域重组以及创建的新兴产业集群。从已有学者的研究成果来看，文化创意产业主要包括从事广播影视、文化传媒、工艺设计、动漫、音像、视觉艺术、表演艺术、雕塑、服装设计、广告装潢、软件和计算机服务等与创意相关的群体。综合已有研究成果和笔者近几年的研究，本书认为，文化创意产业是以文化为基础、以创造为核心、以思想为动力，利用高科技手段对文化资源进行深度整合与提升，通过知识产权的开发和运用，生产出高附加值产品和服务的新兴产业。

二、文化创意产业的特征

（一）创新性

既然为“创意产业”，其本质内涵就应该在“创”字上，尊重创新、强调创新是当代我国社会经济发展必须面临的重要选择。科学技术创新既是提高我国社会生

---

① 厉无畏．创意产业导论［M］．上海：学林出版社，2006.

产力的重要因素，也是提升国家对外竞争力、提升国际形象的重要表现。只有加强科学技术创新，才能够有效促进社会经济的进步。党的十八大明确提出："科技创新是提高社会生产力和综合国力的战略支撑，必须摆在国家发展全局的核心位置。"强调要坚持走中国特色自主创新道路、实施创新驱动发展战略。加快推进国家创新驱动发展战略，就是要加快转变经济发展方式，提高我国综合国力和国际竞争力，在全社会形成创新热潮。作为文化创意产业，核心在于创新，没有创新，就很难形成核心竞争力，因此，创新性是文化创意产业的最本质内涵，也是区别于其他产业的重要表现。文化创意产业的创新性自其产生之日起就已经被赋予主要特征，创新也就成为推动文化创意产业发展的动力。文化创意产业的目的就是满足人们的精神文化需求，党的十九大报告中强调，我国特色社会主义进入新时代，社会主要矛盾已经转化为人民日益增长的美好生活需要和不平衡不充分的发展之间的矛盾。在经历了 70 年的发展之后，特别是改革开放以来，我国社会经济发展已经取得了显著成效，人民生活水平也已经发生了翻天覆地的变化，物质生活的需求已经不再是人们追求的目标。人们的文化消费需求已经开始转变，这就要求文化产品的生产者具有无穷的创造力和丰富的想象力，在文化产品和文化创意生产过程中别出心裁，以新颖的、独特的风格，以特色化、个性化、审美化的产品特征来吸引消费者，生产出人们普遍能接受的、适合人们消费的文化产品，增强自身在市场竞争中的实力。因此，文化创意产业必须具有创新性，提倡自主创新，这种创新并不是突发奇想而来，应该是在不断传承和发扬传统文化的基础上，立足于本土文化精神，从深厚的中国文化积淀中挖掘出来的精华，是对各种资源进行的一种有效整合。

文化创意产业的创新性最主要的是对传统文化的继承和发扬，中华优秀传统文化积淀着中华民族最深沉的精神追求，代表着中华民族独特的精神标识，形成了中国人的思维方式和行为方式，支撑着中华民族历经五千余年生生不息、代代相传、傲然屹立。文化创意产业生产的是精神文化产品，精神文化产品是对人精神需求的一种发掘和满足。而人们对精神文化产品的需求是无限的，必定要求在文化产品的生产过程中不断注入新的创意要素，原创性是一个精神文化产品的生命和活力之根。人的想象力和创造力保证了创意是永不枯竭、不断创新发展的。创意本身并没有一个与之相对应的载体，它可选择的载体是灵活的、自由的，是不可复制的，故文化创意产业具有了不可复制性。

（二）渗透性

文化创意产业的核心生产要素是信息、知识，特别是文化和科技等无形资产，是具有自主知识产权的高附加值产业。一个好的创意可以产生大量的衍生产品，进而产生巨额的经济效益。一个米老鼠的卡通形象创意便衍生出迪士尼乐园、迪士尼邮轮、迪士尼专卖店、百老汇迪士尼、迪士尼图书、电视、恤衫、家具、动物填充玩具等多种商品，使迪士尼公司成为当今世界文化创意产业的巨头公司之一。由此可见，创意具有极大的外溢效应，一个良好的创意，可以延伸至多种产品乃至行业门类，形成以创意为核心的相关产业链乃至产业群。创意，也是文化创意产业的核心所在。在良好创意的激发和带动下，文化创意产业对其他相关产业乃至区域、国家整体发展也表现出强大的带动作用。

（三）高附加值

作为一种产业，文化创意产业意味着能够带来更多的价值，这种高附加值可以为产业带来更多的经济效益。如果将文化创意产业分为核心和附加两部分来看，核心部分是文化创意产业的独特内容，而附加部分则是创意产品化的过程。与传统的资金密集型和劳动密集型产业相比较而言，文化创意产业更多的在于其内涵的知识属性，由于文化创意产业高度依赖知识和创新，其附加部分通常利用资本和劳动等传统资源加以解决。但是，附加部分则以核心部分的发展为前提。换言之，没有知识密集型的核心创意，附加部分的资本、劳动力等难以实现其高附加值。在发展文化创意产业的过程中，很多人看到了文化创意产业的高附加值特点，却往往忽略了它的高风险性。当然，不可否认，所有的行业都有风险，并且利润越高的行业风险性也就越高，这是经济发展中最为基本的一个规律，但是，导致风险的原因却因行业的不同而有所差异。

（四）资源消耗低、环境污染少、多次重复开发、不断升级转换

文化创意产业以文化资源和精神生产为基础，不同于传统以物质上的生产和消耗为依托的产业，故被称为“绿色产业”“无烟产业”。这是人们面对日益加剧的能源危机和环境污染问题，对传统工业和农业的发展进行的一种反思。文化创意产业的兴起，正是人类反思工业社会经济增长以资源的巨大消耗为代价后的一种发展取向，是知识经济时代下的产物。文化创意产业以人的知识、智慧作为主

导的运作模式，对文化资源进行整合，生产出来的产品是人类文明智慧的结晶，产品中的文化含量增加，提升了产品的文化附加值。这就改变了过于依赖已经短缺的自然资源的发展模式，克服了传统工业、农业的弊端，降低了生产成本的同时，还带来比工业化生产价值更高的社会经济成果。这一产业以资源、无形资产作为第一要素来进行生产，污染少，对客观自然环境的破坏力低，给经济社会增长开创了一条可持续发展的新型道路。同时，对文化资源可以多次、反复性地开发和利用，并且随着现代科技和大众传媒技术的进步，不断实现升级、转换。创意的激发成为促进经济增长的方式，而创意是取之不尽、用之不竭的源泉，人们对于同一文化资源可以进行不同形式的利用。

三、文化创意产业的作用

（一）有利于推动产业结构调整，促进产业结构优化升级

中华人民共和国成立 70 年来，特别是改革开放 40 年来，我国社会经济发生了翻天覆地的变化，人民生活水平有了极大提升，社会生产力也得到了极大的解放。回顾我国经济结构的调整阶段，可以看出，我国产业结构经历了明显的三个阶段划分，即由中华人民共和国成立之初的“一二三”产业结构，转变为“二三一”产业结构，再到现在的“三二一”产业结构。这是由我国社会生产力的发展水平和发展阶段所决定的，是经济的内在规律使然。新中国成立之初，我国社会经济百废待兴，各项事业都在寻求不断调整，社会生产力亟待提高，但是，作为发展中国家，工业和服务业却得不到很好的发展。直到 1952 年，中央书记处认真研究了我国工业化建设的方针，确定了以建设重工业基础为五年计划的中心环节。由此，“一五”计划开始实施，重工业成为当时我国发展的重点，五年建设的基本任务在于为国家工业化打下基础，建设方针是以重工业为主、轻工业为辅。为恢复生产和发展，第二产业开始占据主导地位，并开始转变经济结构。改革开放之后，这种重工业的发展思路不再适应市场经济的要求，而转变为以发展轻工业为主。直到 2013 年，第三产业增加值增长 8.3%，此时第二产业增加值增长 7.8%，第三产业增加值首次超过第二产业。至此才实现了我国产业结构由最初的“一二三”向“二三一”转变，并逐步过渡为“三二一”的发展态势。

文化创意产业属于典型的第三产业，发展文化创意产业，能够有力带动传统

产业优化升级。创新是产业结构优化的动力，首先表现在推动产业结构的高级化，即推动第一、第二、第三产业内部结构循序递进，由低向高升级，通过对第一、第二、第三产业注入文化、科技的含量，使第一产业不断实现农业现代化、文化化和创意化，延伸农业种植、养殖、生产加工和旅游、休闲、创意的全产业链条；使第二产业不断柔化，增加制造业的附加值，提升第二产业自主创新能力和产品文化内容含量，从中国制造转向中国创造；使第三产业不断裂变出新的产业集群，大大提高第三产业增加值。

从文化创意产业的发展形式来看，它是一种高附加值、低能耗、低污染的产业，加快推进文化创意产业的发展，与我国现阶段经济发展方式的转变是一脉相承的。文化创意产业能够推动经济发展方式的转变，提高经济运行质量。两者都是强调质量与结构的改善，从高投入、高消耗、高污染向高效益、高附加值和高人力资本含量转变，从注重物质形式和财富积累向注重精神需求和公共福利转变，从单纯强调经济增长指数向经济、社会和环境综合指数转变，从强调技术、资金、土地等生产要素向强调制度、知识和结构方向转变，从短期粗放发展向长期集约发展方向转变。因此，发展文化创意产业是加快转变经济增长方式、实现经济可持续发展的重要途径。

（二）有利于加快文化建设步伐，促进文化产业繁荣发展

文化创意产业属于文化建设的重要内容，对于补充和发展文化产业具有重要作用。伴随着社会的进步和经济的发展，人们已经开始逐渐降低对物质生活的追求，转向对精神层次的追求。这种追求促进了人们对能动意识的转变。由于人的自觉性、自愿性的不断增强，人们开始强调独立性和自由性发展，对于人本身的主体意识开始不断强化。而追求生存权、发展权、政治权，特别是“文化权”，即公民参与文化生活和文化活动的权利、分享文化发展成果的权利等，开始上升到政府的责任和百姓生活的精神追求等重要层面。同时，2015 年 5 月 7 日，李克强总理先后来到中国科学院和北京中关村创业大街考察调研。他强调，推动大众创业、万众创新是充分激发亿万群众智慧和创造力的重大改革举措，是实现国家强盛、人民富裕的重要途径，要坚决消除各种束缚和桎梏，让创业创新成为时代潮流，汇聚起经济社会发展的强大新动能。自此，“大众创业、万众创新”开始成为浪潮，并在全社会形成了良好的创新氛围。文化创意产业的兴起，对于创新的发展具有重要的推动作用。

这也反映出人们对于创新意识的觉醒，开始追求创新和公共表达。

发展文化创意产业，是不断寻求文化建设与社会建设和经济建设相协调统一的重要途径。改革开放 40 年来，人民群众的物质生活得到了极大丰富，但是，人们日益增长的精神需求却没有得到同步满足，文化建设大大滞后于经济建设的发展速度和质量。这样就出现了道德滑坡等社会问题，精神生活得不到很好的满足，也就在一个侧面阻碍了社会经济的健康发展。文化创意产业通过精神文化价值作用于经济建设，对一些领域道德失衡，人文素质急剧下降，低俗、庸俗和媚俗的作品和商品盛行等问题具有间接引导和影响作用。文化创意商品的最大价值在于它的社会效应，它表现为物质产品，但传递着精神价值；它代表着人的智慧及兴趣、爱好和人的创造力，标志着个人与社会发展和进步的程度；它蕴含着健康向上、乐观正向、积极进取的生活态度和价值取向，潜移默化中起着教化人、陶冶人和提升人的精神境界的作用。

（三）有利于提升城市形象，形成对外竞争优势

城市形象是一个城市的名片，是其形成对外竞争力的重要表现。强化城市形象建设，有助于推进城市发展和形成对外影响力。文化创意产业是一个系统工程，并不是由单一产业或单一部门形成的，需要形成集聚效应。伴随着后工业化时代的到来，信息产业、科技产业、文化、艺术产业等都将成为未来支撑服务业的重要内容，城市的生产和生活功能也将逐渐转向以服务功能为主导的信息服务、管理决策的中心，最终使得城市由制造业向服务业转变，由传统城市向信息城市转型，由单一功能城市向多元功能城市转型。目前来看，世界范围内，以文化著称的城市比比皆是，圣彼得堡、墨尔本、佛罗伦萨、巴塞罗那等城市都已经成为以综合功能为主导的文化创意中心。从空间范围来看，文化创意产业能够带动相关产业发展，形成组团、集聚模式，并且由原来的静态空间转向多维空间结构。创意产业就是在这样的发展过程中，通过发展经济、文化、艺术等各种形式形成文化创意集群、文化创意产业社区等，以此成为带动城市发展的名片，成为城市的特色品牌，支撑起充满活力的城市。

与此同时，文化创意的这种聚集效应会逐渐扩散，由城市向城市群扩展，这种空间上的转型有助于扩大城市影响力。文化创意产业有助于推动城市的更新与升级，当原有废弃的建筑或者工厂被重新雕琢利用，城市便得到了有效的升级，成为文化创意中心。纽约的转变、曼彻斯特的形成都是由于文化创意产业的发展，原本衰落的城市重新获得了生机。发展文化创意产业，不仅保护了城市的文化生态，而且传承和延续了城市的文化历史风貌，使老工业城市焕发新的活力，成为世界卓越的创意和文化中心、开放多元的国际文化都会。文化创意产业有助于打造城市品牌，形成城市核心竞争力。以北京798艺术区为例，这个位于朝阳区酒仙桥街道的艺术区，原来是国营798厂等电子工业的老厂区所在地，是20世纪50年代由苏联援建、民主德国负责设计建设的重点工业项目。但是，伴随着北京都市化进程和城市面积的扩张，原来属于城郊的大山子地区已经成为城区的一部分，原有的工业外迁，原址上必然兴起更适合城市定位和发展趋势的、无污染、低能耗、高科技含量的新型产业。为此，"798"开始寻求创新，2002年2月，美国人罗伯特租下了这里120平方米的回民食堂，开始从事艺术创作，"798"艺术家群体的"雪球"就这样滚了起来。从2001年开始，来自北京和北京以外的艺术家开始集聚798厂，他们以艺术家独有的眼光发现了此处对从事艺术工作的独特优势。他们充分利用原有厂房的风格（德国包豪斯建筑风格），稍作装修和修饰，一变而成为富有特色的艺术展示和创作空间。目前，已经有近200家涉及文化艺术的机构进入此区域。这也成为典型的文化创意产业带动的地区经济发展，形成对外宣传名片的有力证据。

（四）有利于增强国家软实力，提高国际竞争力和影响力

习近平总书记在十九大报告中提出，要坚定文化自信，推动社会主义文化繁荣兴盛。"文化兴国运兴，文化强民族强。没有高度的文化自信，没有文化的繁荣兴盛，就没有中华民族伟大复兴。要坚持中国特色社会主义文化发展道路，激发全民族文化创新创造活力，建设社会主义文化强国。"文化已经成为这个时代各国抢占的高地，文化是一个民族或一个地区内在的精神，对于推动地区社会经济发展具有重要作用。在当前全球化竞争日益加剧的环境下，只依靠经济、军事等力量已经不能够赢得各国的主动权，文化和价值观、意识形态等软实力的竞争，成为竞相争取的重要方面。文化也逐渐成为一个国家的标识、一种符号。美国、英国、日本等世界发达国家通过创意、影视、动漫等产业的发展将其文化价值观渗透其中，正在潜移默化地影响全世界的生活方式和精神面貌。美国漫威漫画公司打造的动画系列，已经成为美国的一个响亮品牌。其旗下拥有的金刚狼、钢铁侠、美国队长、绿巨人、黑寡妇、黑豹、恶灵骑士、刀锋战士等超级英雄，以及复仇者联盟、X 战警、银河护卫队、异人族等超级英雄团队，已经深入人心。因此，发展文化创意产业，不断发掘和创新我国传统历史文化和民族文化资源，以中华民族的社会主义核心价值体系为精神载体，以文化创意商品为物质载体，以社会规范、政策法律规章为制度载体，以鲜明的地域和民族特色的生活方式和风俗习惯为行为载体，是提高我国文化软实力的重要途径。我国拥有 5000 多年的悠久历史，其中蕴含了丰富的传统文化，对优秀传统文化的继承和创新，有助于重塑我国在国际竞争中的形象。大力发展文化创意产业，将中华优秀传统文化植入其中，能够唤醒国人的文化自信，重新认识中国文化，承担文化责任，探索文化精神。文化创意产业的发展，带动了相关产业的形成，加强了与世界各国的联系，在宣传自身的同时，将文化进行输出，增强其他国家对本民族文化的了解与认同，更加有助于提升国家或地区在世界竞争中的地位和影响力。

第二节　生态环境建设理论基础

一、生态环境的内涵

生态与环境在概念上是有区别的，生态主要指某一生物（系统）与其环境或其他生物之间的相对状态或相互关系，环境则主要指独立于某一主体对象以外的所有客体总和，生态强调客体与主体之间的关系，环境强调客体，因此，生态的概括范围更广泛于环境。但由于在研究要素中存在着许多共通性，生态与环境又经常组合成词使用，即生态环境或者环境生态。关于资源与环境概念间的关系，具体有以下几种认识。

第一，环境概念包括了自然资源，如在霍斯特·西伯特（Khost Hibbert）所著的《环境经济学》中，环境概念包括了自然资源，环境问题不仅包括一般的环境污染问题，还包括自然资源耗竭问题。

第二，自然资源包括了一般意义上的环境，讨论资源问题的同时也引出环境问题，此观点可见诸阿兰·兰德尔（Alan Randall）的《资源经济学》。

第三，环境与自然资源并列。自然资源的概念是指人类经济活动中所需要的原材料的重要来源，如矿产资源等。环境是指人类生命保障系统中除去自然资源后的所有要素，如空气、水、土地等。环境污染主要有空气、水、土地的污染等。

本文界定的生态环境，从一个全新视角阐述了对其的重新认识。本书认为生态环境应该是一个系统的概念，应该是生态环境系统、产业发展系统、人居环境系统三者的统一结合，缺少其中任何一个系统的健康运行，生态环境均将受到破坏，也就不能够实现社会经济与生态的协调发展。

二、生态环境的特征

（一）生态环境是生态与环境的融合

著名的生态学家马世骏认为，生态环境不是生态学和环境学的相加而是融合，是传统污染环境研究向生态系统机理和复合生态关系研究的升华。他指出"生态环境"一词中的"生态"是形容词，"环境"是名词，不是并列的堆砌关系，与"生态位"一词有些相近，但"生态环境"一词更大众化一些，容易被社会和决策部门所接受，直观上是直接的生存、发展环境，科学上却是一个多维的直接和间接、有形和无形、相辅相成的生态空间。因此，生态环境是功能性自然生态保育与结构性的物理环境保护相融合的复合系统。

（二）生态环境是整体协同的、动态的、开放的复杂系统

生态环境因子遵循整体协同、循环自生、优胜劣汰、物质与能量守恒的原则运动着。大气、水、生物等生态环境因子相互影响、相互制约、相互配置，构成了生态环境系统的矛盾运动，并遵循一定的相互作用规律，表现出重要的功能特性，构成生态环境系统。生态环境系统是一个具备时、空、量、构、序变化特征的、复杂的动态系统和开放系统，各子系统之间、各组成成分之间以及系统内外存在着相互作用，发生着物质的输入、输出和能量的交换，并构成了网络系统。正是这种网络结构保证了系统的整体功能，起到了协同作用，保证了人类和其他生物的可持续发展的物质与能量。

（三）人是生态环境的建设者与破坏者

人类生态环境是人类影响的产物，人既是生态环境的建设者、享受者，也是生态环境的破坏者、受害者。生态环境为人类和其他生物提供了生长、繁衍的场所，人类对生态环境有正面的和负面的影响。人类对生态环境的保护、修复和创建是正面的影响，如对矿山植被的快速修复、人工绿地生态工程建设、植树造林、治理风沙、退耕还林、退耕还草等。但人为因素的影响也会对生态环境产生负面影响，如过度砍伐森林、扩大耕地面积、汽车尾气排放、工厂"三废"（废水、废气、固体废弃物）排放等，都是人为活动改变自然、影响生态平衡、破坏自然的

例子。需要指出的是，虽然各类自然环境因子如河流、土壤、海洋、大气、森林、草原等皆具有吸收、净化污染物，使受到污染的环境得到调节、恢复的功能，但这种调节功能是有限的，当污染物的数量及强度超过环境容量时，生态环境的调节功能就将无法发挥出来。由于人类环境存在连续不断的、巨大的和高速的物质、能量运动，在人类活动的干扰与压力下，生态环境表现出有限性、不可逆性、隐显性和灾害放大性等重要的特性。

（四）城市生态环境系统是生态环境系统的子系统

从区域角度而言，城市生态环境系统是生态环境系统中相对应于乡村生态环境系统的子系统。城市生态环境系统包括城市自然环境系统、城市经济环境系统、城市社会环境系统等。城市生态环境容量除受自然基础的结构、数量、质量、特征等影响外，还同时受到城市社会经济发展水平（资金、技术、信息、管理、替代资源等）的影响。随着社会的发展，在城市化过程中，城市生态环境系统更多地表现为人工化的特点，同时，城市生态环境影响范围有扩大的趋势。

三、生态环境的相关理论

（一）可持续发展理论

中国的城市环境保护是从1973年正式列入政府的议事日程的，但直到1988年中国才第一次成立了直属于国务院的国家环保局（副部级单位）。1984年第38届联合国大会，挪威首相布伦特南牵头成立世界环境与发展委员会，中国著名生态学家马世骏是该委员会的委员。该委员会用900天时间考察了世界各地的环境问题，写出了报告——《我们共同的未来》，中国随后也派人参与了这个报告的撰写。在对《我们共同的未来》的草案进行最后讨论并通过的会议上，中国代表主要强调环境保护与经济社会发展相协调的原则，维护国家主权，包括国家对自然资源的主权、环境权和发展权的原则，尊重和维护发展中国家利益的原则等。代表回国后立即组织将《我们共同的未来》翻译成了中文，亚洲地区首发仪式于1987年7月1日在北京钓鱼台国宾馆举行。在《我们共同的未来》这本书里，我国第一次在正式文件中提出了可持续发展的概念，并将它定义为："可持续发展是既满足当代人需要，又不对后代人满足其需要的能力构成危害的发展。"现在被人们广泛引用的中文的"可持续发展"的定义就是在这本书里翻译的。

可持续发展是一个内涵十分丰富的概念，涉及经济、社会、文化、技术等众多领域。国际上对可持续发展的定义往往莫衷一是，均是从某一个视角来解读概念，不可避免地存在一定的片面性。而对于可持续发展这样一个内涵丰富的概念来说，用几句话来对其做一个精确的定义，并得到社会的广泛的认同是比较困难的，但概括起来可以归纳为三个方面，即自然资源与生态环境的可持续发展，经济的可持续发展和社会的可持续发展。

（1）发达国家与发展中国家发展的协调。世界各国对于世界的可持续发展都应当承担责任，发展中国家愿意承担与发达国家共同但又区别的责任。发达国家一方面应从人力、物力、财力上帮助贫困国家解决基本需求如何满足的问题；另一方面，还应从环境资金和技术上帮助贫困国家提高治理环境污染的能力。

（2）消费需求与资源可供量的协调。地球的资源供应不是源源不断的，其可供使用的资源数量是有限的，因此，在现有的生产技术条件下，人类的生产生活方式必须要以有效、节制地使用资源为前提，有节制地生产与消费。发达国家通过对外贸易诱使发展中国家以环境破坏为代价为其无节制地开采所需要的资源，以满足发达国家的消费要求，不利于人类的可持续发展。例如，美国、日本每年消费的汽油大大超过了其生产量，往往需要发展中国家为其补足，这种高消费的需求是可持续发展所不倡导的。

（3）人口与资源环境的协调。可持续发展认为，人口的过快增长会增加资源、环境的压力，过快的人口增长会引发粮食危机、耕地危机、水源危机、生态危机和农业危机，而农业危机又会驱使农民大量涌入城市，从而引发城市危机。当前世界人口正在以日增 25 万人的速度膨胀，在中国，每 1.8 秒就有一个孩子出生，人口年增长 1700 万左右，而耕地却每年减少 30 万亩。控制人口增长，使人口与生产潜力相协调，是可持续发展对人类自身的又一要求。

（二）环境库兹涅茨曲线

Grossman（1995）的论文是一篇关于经济发展与环境污染的经典文献，文中提出了环境库兹涅茨曲线（EKC）的概念，揭开了研究两者之间相互关系的篇章。Grossman 通过采用来自于全球环境检验系统的面板数据，检验了人均收入与不同环境污染指标之间（环境污染指标主要分为城市中的大气污染与水体污染两类，具体包括城市的大气污染、河床的含氧量、河床中的排泄物残渣污染和河床的重金属污染）简化的关系。结果发现，并没有证据表明环境质量随经济增长而逐渐恶化，相反，对于大多数的环境指标而言，经济增长最初会带来环境的恶化，而随之环境质量会出现提升，经济增长与环境质量之间存在着一种倒 U 形的曲线关系，如图 1-1 所示。曲线的转折点对于不同的污染物来说是不同的，但是，大多数情况下当一国的国民收入达到人均 8000 美元（以 1985 年美元计价）之前就会出现这一转变。对于人均收入达到 10000 美元的国家，原假设“进一步的经济增长会导致环境的恶化”在 5% 的显著性水平下遭到拒绝，这对于许多所实施的污染检测手段来说，结论均是如此。

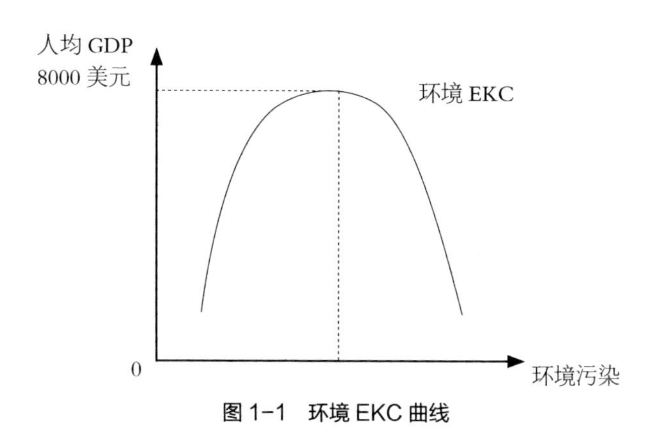

图 1-1　环境 EKC 曲线

Grossman 认为，经济增长对资源环境的影响应区分为三个不同的方面。首先，存在一个规模效应。大规模的经济活动将导致环境的恶化，之所以出现这种现象是因为持续增加的产出需要更多的投入，因此更多的自然资源将在生产过程中被占用，另外，更多的产出也意味着经济活动副产品的增加，如固体废弃物、射线等，这些都将加剧环境恶化；其次，如果说规模效应对于环境存在着负面的效应，那么同时也存在着正面的效应，随着收入的增加，收入的结构发生了变化，那么国内生产总值中用于清洁活动的比例将会增加；最后，技术进步常常会伴随着经济的发展出现。因为一个相对较为富裕的国家能够承担更多的用于研发的费用，这些研发费用将会提升环境的质量，但技术进步并不总是对环境友好的，因为它也能够导致新的部门与产业的出现，这些新的部门与产业也会产生新的污染物与环境问题。Grossman 所提出的倒 U 形的环境恶化与人均收入之间的关系表明，规模效应所产生的对于环境的负面效应在发展的最初阶段会很普遍，但是这种现象最终会被综合的技术效果所产生的正面效应所超越，这些综合的技术效果会降低排放物的污染水平。

第三节 “文化创意+”生态环境融合发展的理论基础

一、产业融合理论

（一）融合的思想源流

分工对社会经济的发展具有非常大的促进作用，亚当·斯密（Adam Smith）在《国富论》中曾指出，如果一个国家的产业与劳动生产力的增进程度是极高的，那么这个国家内部各行业的分工水平一般也都达到了极高的程度。从他的论述中可以看到，分工的持续深化发展能够带来生产力的持久显著增进。分工深化发展的另一结果，是产业不断地细分和产业数目的日益增多。与此同时，这一演进过程中却始终伴随着一个相反的运动：某些已经分开的产业按照一定的机理再合并在一起，原本已经明确的产业分工界限又重新变得模糊。这个现象早在几百年前的工场手工业时期就已出现，一些伟大的经济思想家在那时就已开始尝试解释这一现象。受制于时代的局限性，他们无法系统地解释和说明这一与分工相反的运动，但这些宝贵的思想资源对我们今天研究产业融合仍旧有非常重要的启示。

1. 马克思：分工基础上的结合生产

马克思是一个天才的经济思想家，他在高度肯定分工作用的同时，也洞察到了分工的弊病。在资本主义生产关系中，分工虽然能够提高生产效率，但究其本质，只不过是资本家进行剩余价值生产的方式和手段。并且，分工对工人劳动效率的提高也是非常有限的，不断从事单调的劳动会妨碍精力的振奋和焕发，因为精力是在活动本身的变换中得到恢复和刺激的。值得强调的是，马克思在剖析分工不断深化会产生新的行业的同时，还指出分工在特定的条件下会趋于收敛，进而出现在分工基础上的结合。他在对工场手工业和机器大工业生产的分析中均发现了这一现象，这可以看成是融合思想的重要源流。

2. 马歇尔：融合在高层次分工上产生

在其经典著作《经济学原理》中，马歇尔通过对制表业、印刷业等机器生产条件下生产过程的分析，对出现的与分工作用力相反的融合运动已有了初步的论述：从手工业生产到机器生产，分工在不断地细化，同时分工的层次也在不断提高，较为低级的手工技能分工日益退出，取而代之的是较高层次的企业经营分工和操作机器分工，这类分工需要更多的判断力和智力技巧；随着机器通用性的提高，原本不同但使用类似机器生产的产业对管理和使用机器的人的判断力、智力的要求出现了较大的共通性，这就造成原先不同产业间的界限变得模糊，并且不难越过，工人和机器能够在付出较小成本的情况下顺利转移到其他相近产业，这便是早期的产业融合。马克思、马歇尔等经济学大师都已萌发了融合的思想，他们虽然没有提出产业融合的范畴，更没有对产业融合进行系统的阐述，但足以作为融合思想的源流。概而言之，可将他们的融合思想归纳为：随着分工的深化发展，它本身的弊端日益暴露，技术的进步又提高了机器和管理机器人智力的通用性，在此背景下，原本分散的生产出现融合现象。

（二）产业融合理论

产业融合的思想最早起源于1963年罗森伯格对美国机械工具业发展演化的研究。人们开始广泛关注产业融合这种现象是在20世纪70年代末，先是实业界描绘的，展现的是"计算机和通信"的融合图景。在1978年，麻省理工学院媒体实验室N. 尼古路庞特采用模型研究计算业、印刷业和广播业三者间的技术融合，并指出了增长最快以及创新最多的地方是三大行业的交叉处，这一研究推动了学术界对产业融合现象的进一步研究。从20世纪90年代开始，伴随着数字技术、通信和计算机技术的飞速发展，信息产业领域的产业融合现象不断出现，此时学术界大量相关研究文献也不断涌现，研究的范围进一步扩展，包括硬件产业的软件化、制造业的服务化以及高新技术产业与传统产业相互的融合等方面。

由于在对产业融合现象进行研究时所站的角度不同，产业融合的内涵体现在不同的方面。在经济信息时代，产业融合是在数字和技术融合发展的基础上产生的，体现出产业边界的模糊化。从原因与过程看，产业融合是一种分阶段实现的过程，具体来讲，是从技术融合到产品生产融合，进而扩展到业务融合，接着延伸到市场融合，最终达到产业融合。从需求角度看，产业融合以产品的针对性生产为基础，总体产品面向市场需求。从产业之间影响关系的角度来看，产业融合体现在不同产业或同一产业的不同行业之间，通过互相借鉴，相互融入，推进新型产业形态建立。

同样，根据研究目的不同，产业融合有着以下分类。从技术上看，产业融合体现在技术的替代与技术的整合。技术替代融合侧重新技术的创造，可以与以前的技术替代使用，但是它扩大了使用范围，使用在两个或者两个以上的产业间。技术整合融合侧重技术之间的重新整合，不同于以前的几种技术，却可以增强产业间的相关性，催生出一个新的产业。从产业层面上看，主要体现在融合方式和融合程度两个方面。在产业间融合方式上，主要表现为三种融合方式，即渗透、延伸和重组。当前，产业融合不仅仅作为单一发展的趋势来讨论，多样化、多元化、效益化使得其已成为产业发展的现实选择。产业融合有助于推动产业组织革新、产业整体效益提高，产业竞争力提升，能够改善企业绩效、促进经济增长方式的转变，推动整体区域经济的发展。

二、“文化创意 +”的理解

（一）“文化创意 +”是一种更高层次的融合创新

总体而言，“文化创意 +”是文化要素与经济社会各领域更广范围、更深程度、更高层次的融合创新，推动业态裂变，实现结构优化，提升产业发展内含的生命力，是镶嵌在产业融合发展冠顶上的明珠。作为一种更高层次的融合创新，从理念内涵到发展路径，“文化创意 +”的特征主要体现在三个方面。

第一，从“老思维”向“新思维”的转变。“文化创意 +”要求打破传统的思维模式，不断增强文化认知，运用大融合思维、一体化思维、艺术化思维、重用户思维来谋求产业发展。“文化创意 +”并不是仅仅重视基础建设、资本投入和先进技术，还要加上必要的“软件”思维，才能适应更高层次的融合创新要求。

第二，从“小文化”向“大文化”的扩展。从文化创意产业视角看，文化正在走出传统的文化艺术、新闻出版和影视创作的"小文化"，迈向国民经济的"大文化"，文化创意的先导作用逐步强化。推动"文化创意 +"，不能于文化自身的窠臼之中谋发展，要统筹文化产业发展与整个国民经济发展的关系，从而实现文化经济一体化。

第三，从"浅融合"向"深融合"的推进。有专家认为，产业融合发展存在三个阶段，初级阶段往往表现为产业间的单向融合；中级阶段往往表现为以两条产业链各价值节点和产业相关要素为对象进行的双向融入；高级阶段往往表现为两个产业无边界的一体化状态。推动"文化创意 +"，就是加大资源挖掘、要素整合、产业耦合力度，在各种业态之间架起桥梁，实现文化产业由初级阶段表层融合向高级阶段深层融合的过程。

（二）"文化创意 +"为产业发展插上腾飞的翅膀

跨界融合成为产业发展的新常态，除了经济全球化和高新技术迅猛发展的外部因素外，文化所具有的强大经济力量是新常态下"文化创意 +"得以催生的内在动因。文化作用于产业发展，主要体现在四个方面。

第一，强化精神动力，引领产业发展。文化通过塑造国民价值观作用于经济社会发展。文化价值观往往影响人们的经济行为，包括吃苦耐劳、艰苦奋斗、勤俭节约等精神品质，被视为持久推动经济发展的精神动因。另外，根植于人们心中的生活习惯、行为方式、伦理道德，以及社会层面形成的文化环境和道德观念，为经济活动实行合理制度安排、节省交易成本等提供了支撑，是经济发展的强大精神动力。

第二，增加文化含量，优化产业结构。文化具有别样的品质，世界上的知名品牌，约有半数来自技术研发，另外半数是靠文化内涵而形成。文化的跨界融合，使文化符号价值、文化经营理念等向相关产业渗透，实现两个"有助于"，即有助于促进"美学增值"，商品的审美功能和精神价值得到增强；有助于促进"品牌塑造"，提升产业文化内涵和边际效应。

第三，激发创新创意，增强产业活力。文化产业天然具有创新驱动的特点，影响着社会自主创新的氛围营造和能力提升。文化的价值不仅局限于满足人们文化需求，如果产业发展渗透文化艺术的创造力，附加价值无疑会大大提高。着眼未来，文化产业将是全球化的强势产业，几乎看得见看不见的所有角落、所有领域，都可能激发创意。

第四，激活消费潜能，拓展产业空间。文化消费需求具有很大弹性，往往不受客观条件承载量的限制，发展文化产业前景可期。文化创意产业也具有诱导效应，商品生产和消费本质是一种文化现象，先是制造一种生活方式，然后销售这种生活方式。文化变迁与国民消费理念改变是一脉相承的，消费理念往往决定产业发展空间。

第二章

我国生态环境的发展现状

为更好探索文化创意产业与生态环境之间的融合发展，需要对我国生态环境的发展现状做出全面而客观的分析，只有在其基础上，才能够借助第一章的理论基础，探索文化创意产业与生态环境融合发展的模式。本章首先阐述了生态环境保护的重要性，其次，分别从生态环境系统、产业发展系统和人居环境系统三大系统分析了我国生态环境的发展现状。

第一节　生态环境保护的重要性

一、是贯彻“五位一体”的发展新理念的必然要求

随着我国经济发展步入多元复合转型的重要战略机遇期，经济社会面临诸多矛盾叠加、风险隐患加剧的问题，以习近平同志为核心的党中央统筹推进经济建设、政治建设、文化建设、社会建设、生态建设。“五位一体”的总体布局是一个有机整体，其中经济建设是根本，政治建设是保证，文化建设是灵魂，社会建设是条件，生态文明建设是基础。坚持“五位一体”建设全面推进、协调发展，才能形成经济富裕、政治民主、文化繁荣、社会公平、生态良好的发展格局，把中国建设成为富强、民主、文明、和谐的社会主义现代化国家。

党的十八届五中全会提出了2020年全面建成小康社会，“生态环境质量总体改善”的总体目标，并鲜明地提出要以提高环境质量为核心的要求，标志着从过去十年单一的主要污染物排放总量约束到环境质量作为约束的转变。以提高环境质量为核心，统筹部署“十三五”生态环境保护总体工作，是《“十三五”生态环境保护规划》的基本主线。生态环境质量总体改善是全面建成小康社会的主要目标之一。生态环境质量总体改善，其基本要求就是环境质量只能更好、不能变差、不能退步，主要环境质量指标要有所好转，一些突出环境问题（如大规模严重雾霾、城市黑臭水体等）明显减轻。这一目标的确立标志着我国环境保护要求发生转折性变化，需要在“十三五”乃至更长一段时间内，久久为功，积小胜为大胜，从量变到质变，着力从全面恶化、局部改善、有所改善到总体改善和基本达标。加强生态环境保护，是推进生态文明建设的重要一环，更是“五位一体”发展新理念在社会经济发展中的现实要求。

二、是供给侧推动产业结构优化升级的客观选择

从理论上讲，产业结构优化升级是资本、劳动力、土地和技术等生产要素从低附加值、低效率和高消耗的生产部门或产业链环节（如产能严重过剩和环境污染大的行业）退出，继而导入到高附加值、高效率、低消耗的生产部门或产业链环节（如先进制造业和高端生产性服务业）的过程。在市场经济条件下，生产要素在不同部门和环节之间的流动与重组，主要依靠市场竞争和价格机制来实现。通俗地讲，就是哪里能提供更高、更持久的经济收益，生产要素就会向哪里聚集。推进供给侧结构性改革，是适应和引领经济发展新常态的重大创新，是改善供给、扩大需求、解决供需错配问题的根本举措。我国经济下行压力加大，从内因看主要是供给结构与市场需求脱节造成的，即供给不适应需求变化，有效供给不足。推进供给侧结构性改革，就是从生产端入手，推动经济结构调整、产业结构升级，以新供给创造新需求和新经济增长点。在供给侧结构性改革的框架下，经济发展主要依赖于社会总供给结构优化，而社会总供给结构优化以产业结构调整升级为基础。因此，由供给侧推动产业结构调整和优化升级成为现阶段推动经济发展的根本。

本书提出，生态环境不仅仅是生态系统本身，也应该包含产业发展系统。节约和环保是我国工业化进程中面临的严峻课题。解决好这一课题，必须坚持以节约能源资源和保护生态环境为切入点，积极促进产业结构优化升级。淘汰严重消耗能源资源和污染环境的落后生产能力，是调整和优化产业结构的重要途径；政府责任和市场机制双到位，是节约能源资源和保护生态环境的关键所在。同时，还应从加强制度建设、发挥舆论监督作用等方面入手，营造有利的制度条件和社会氛围，使全社会都积极投身于建设资源节约型、环境友好型社会中来。

三、是努力推进健康中国建设、实现可持续发展的现实需要

2015 年 11 月，党的十八届五中全会通过了“十三五”规划建议，从补齐影响全面建成小康社会的短板为出发点，在涉及人民健康的重点方面，提出推进健康中国建设，将健康中国上升为国家战略。“健康中国”的提出，表明党和国家把人

民健康提到新的高度。实现健康中国的目标，离不开良好的生态环境，这是人类生存与健康的基础。健康的决定因素不仅仅是医疗卫生，还涉及环境、遗传、生活方式等。世界卫生组织研究发现，影响健康的因素中，环境影响占 17%、生物学因素占 15%、行为和生活方式占 60%，而医疗服务仅占 8%。环境影响竟然远远超过了医疗服务，这一点或许会让不少人感到意外，值得高度关注。的确，很难想象在一个生态环境糟糕的地方，人民的身体能普遍健康。健康中国千头万绪，生态健康头一条。没有健康生态，公民健康无从谈起；没有良好环境，健康中国宛如水中月；只有好人好水好生态，才有全国人民好健康。当前，我国生态处于瓶颈期，用经济学上的库兹涅茨曲线倒 U 形比喻，就是今天的中国正攀爬在这条曲线陡峭的上升区间，生态挑战前所未有。

同时，环境保护是可持续发展的基础以及关键。人类从历史的长河中发展至今，一直都在不断地了解自然，改变自然，随着工业革命的开始，人们改造自然的手段更加粗暴、简单，对自然实施了大规模的破坏，虽然说经济得到了一定的发展，但是自然资源的枯竭以及各种极端恶劣天气的出现就是大自然对人类的惩罚，并且严重影响到了人们的生存空间。因此可以说环境是经济发展的基础，更是可持续发展的基础和关键。我们人类赖以生存的大部分物质资源等都是间接或者直接来源于大自然，如果没有大自然为我们提供无穷无尽的财富和资源，那么我们根本无法在这个星球上长久地生存下去。经济发展需要以环境保护为基础，可持续发展同样也要以环境保护为基础和关键。只有人们能够重视环境保护，重视从点滴生活做起，才能够真正地深化可持续发展的理念，促进生态环境的改善。

第二节　生态环境系统发展现状

本书界定的生态环境系统是指环境系统本身的发展，主要包括水资源、土地、森林和草地资源等，并认为水资源和土地资源是关系到我国粮食生产安全和质量的最关键因素。没有好的水源、优质的土地，农业生产将受到严重损害，农产品质量安全也将受到严重威胁，因此，本节将重点关注我国水资源和土地资源的情况。

在我国社会经济发展过程中，国家逐渐加大对水土资源的保护力度，并先后出台了《水污染防治行动计划》（简称“水十条”）和《土壤污染防治行动计划》（简称“土十条”）政策，对强化水土资源的保护起到了很大作用。但在农业生产领域，耕地、水资源所面临的污染除了来自工业企业之外，还有来自于农业生产的面源污染，两者叠加的直接后果是水土资源质量的日益下降；再加上长期以来过度关注农业生产的产量与效益的目标导向，而忽视农业生态系统服务功能的提升，加剧了对农业生态资源的破坏与污染。当前，我国水土资源形势依然严峻，突出表现在如下两个方面。

一是优质耕地资源占用态势短期内难以扭转的同时，耕地土壤污染现象依然存在。在快速工业化、城镇化进程中，越来越多的耕地资源，特别是优质耕地资源被配置到城镇及非农产业，这种态势短期内难以扭转，从而导致我国耕地资源数量上的减少。《2016 中国国土资源公报》提供的数据表明，2015 年净减少耕地面积 5.95 万公顷。从我国耕地质量来看，总体质量不高，中、低产田面积所占比例较大，2015 年该比例高达 72.9%。与此同时，耕地土壤污染状况不容乐观。根据《全国土壤污染状况调查公报》，耕地土壤点位超标率达到 19.4%。此外，耕地资源还面临着荒漠化、沙化以及水土流失等多重威胁，以及重金属污染、农业面源污染的风险。

二是水资源短缺，污染治理任重道远。众所周知，我国人均水资源量仅为世界人均水资源量的 1/4，而且时空分布不均。水资源短缺表现出极强的空间异质性特点，广阔的西北地区资源性缺水现象严重，云南、贵州、四川、广西等山地、丘陵区，属于典型的喀斯特地貌，工程性缺水相当普遍，而经济发达的东部地区，水质性缺水问题日益严重。我国一直以来都特别重视水污染治理工作，并取得了显著成效。据有关统计资料的计算结果表明，地表水水质中，劣Ⅴ类水质断面比例从"十五"时期的 33.9% 逐步下降到"十一五"时期的 21.0%，以及"十二五"时期的 10.2%，2016 年该比例为 8.6%，依然较为严重。与此同时，地下水水质状况也不容乐观。2016 年 6124 个地下水水质监测点的监测结果表明，水质为较差级别的监测点比例为 45.4%，水质为极差级别的监测点比例为 14.7%。由此可见，水污染治理任务依然是任重道远。习近平总书记曾指出，"你善待环境，环境是友好的；你污染环境，环境总有一天会翻脸，会毫不留情地报复你。这是自然界的规律，不以人的意志为转移。"

一、水资源现状

（一）我国水资源概况

一个国家或者地区的水资源禀赋既受到自然形成的存量差异制约，也受到经济发展导向的影响，前者是一个静态约束，后者则是一个动态过程。因此，各个国家或者地区的水资源禀赋就表现出静态特征和变化特征。

中国水资源总体概况可以概括为如下几个特点：一是水资源总量丰富，但空间分布不均；二是资源性缺水、工程性缺水、水质性缺水并存；三是水多、水少、水混、水脏四种现象同在。

1. 水资源禀赋的静态特征分析

根据《2014 年中国水资源公报》提供的数据，对中国水资源禀赋从降水量、地表水资源量、地下水资源量、水资源总量四个方面进行分析。

降水量：2014 年，中国平均降水量为 622.3 毫米，与常年值基本持平。

地表水资源量：2014 年，中国地表水资源量为 26263.9 亿立方米，折合年径流深 277.4 毫米，比常年值偏少 1.7%。

2014 年，从境外流入中国境内的水量为 187.0 亿立方米，从中国流出国境的水量为 5386.9 亿立方米，流入界河的水量为 1217.8 亿立方米；中国入海水量为 16329.7 亿立方米。

地下水资源量：中国矿化度小于等于 2 克 / 升地区的地下水资源量为 7745.0 亿立方米，比常年值偏少 4.0%。其中，平原区地下水资源量为 1616.5 亿立方米；山丘区浅地下水资源量为 6407.8 亿立方米；平原区与山丘区之间的地下水资源重复计算量为 279.3 亿立方米。

水资源总量：2014 年，中国水资源总量为 27266.9 亿立方米，比常年值偏少 1.6%。地下水与地表水资源不重复量为 1003.0 亿立方米，占地下水资源量的 12.9%（地下水资源量的 87.1% 与地表水资源量重复）。

2. 水资源禀赋的变化特征分析

（1）水资源总量变化情况。中国水资源总量从 1997 年到 2014 年呈现出明显的变化态势，从 27855 亿立方米下降到 27267 亿立方米，减少了 588 亿立方米，减少 2.11%。期间一定阶段内具有强烈的波动性，如 2007 年到 2012 年。特别是 1998 年，中国长江流域发生特大洪涝灾害，从而使当年的水资源量突增。同样，2010 年，长江上游、鄱阳湖水系、松花江等流域发生特大洪水，也导致了当年水资源量的增加（见图 2–1）。

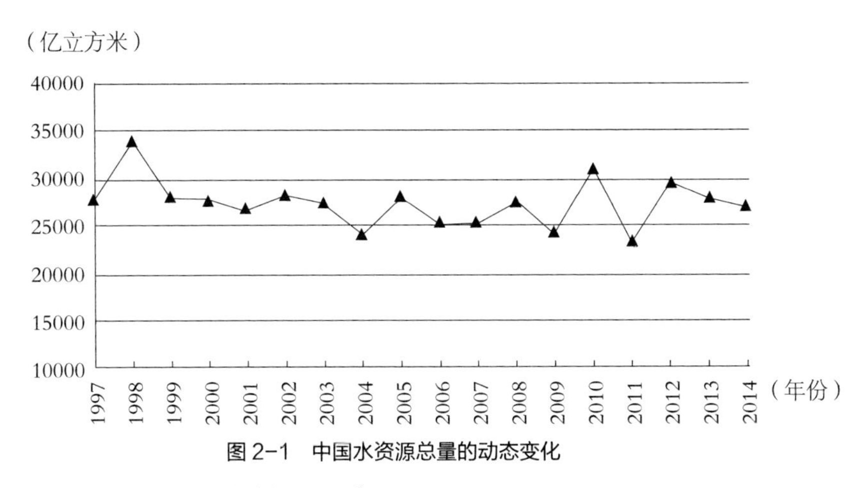

图 2–1　中国水资源总量的动态变化

数据来源：《中国水利统计年鉴 2015》。

1997—2014 年期间，中国平均水资源总量为 27425 亿立方米，将每年的水资源总量与此平均值相比，有 7 个年份水资源总量低于此值，特别是 2011 年，水资源总量为 23257 亿立方米，低于平均值 4169 亿立方米，达到 15.20%；其余年份水资源总量高于此值，最高的年份为 1998 年，为 34017 亿立方米，高出 6592 亿立方米，达到 24.04%。

（2）降水量变化情况。从降水量来看，从 1997 年到 2014 年，除了发生严重洪涝灾害的 1998 年、2012 年、2014 年之外，波动性不太大，基本上比较平稳。相比于 1997 年的 58169 亿立方米，2014 年降水量增加了 7681 亿立方米，增加了 3.20%（见图 2–2）。相对于 1997—2014 年之间降水量的平均值 60115 亿立方米，降水量低于此平均值的年份有 10 个，特别是 2013 年，降水总量为 55966 亿立方米，比平均值低 4149 亿立方米，达到 6.90%；其余 8 个年份，降水总量均高于平均值，最高的年份为 1998 年，比平均值高出 7516 亿立方米，达到了 67631 亿立方米，相对增加值为 12.50%。

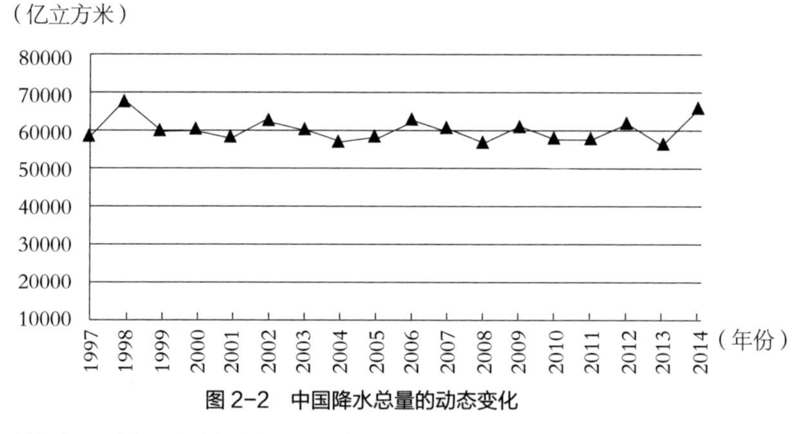

图 2–2　中国降水总量的动态变化

数据来源：《中国水利统计年鉴 2015》。

（3）人均水资源量变化情况。1997—2014 年期间，中国人均水资源量的变化除了 1998 年、2010 年等年份外，基本上呈现出递减态势；1997—2004 年期间，基本是小波动递减；2005—2011 年期间，则是波动型递减；2012—2014 年期间，直线型递减（见图 2–3）。

从数量变化上来看，中国人均水资源量从 1997 年的 2253 立方米下降到 2014 年的 1999 立方米，下降了 254 立方米，降幅 11.29%。导致人均水资源量下降的原因有两个，一是中国水资源总量在没有大的洪涝年份的情况下，基本上没有太大变化；二是中国人口数量的连续增长，特别是在中国全面放开“二孩”政策之后，中国人均水资源量将会进一步下降。

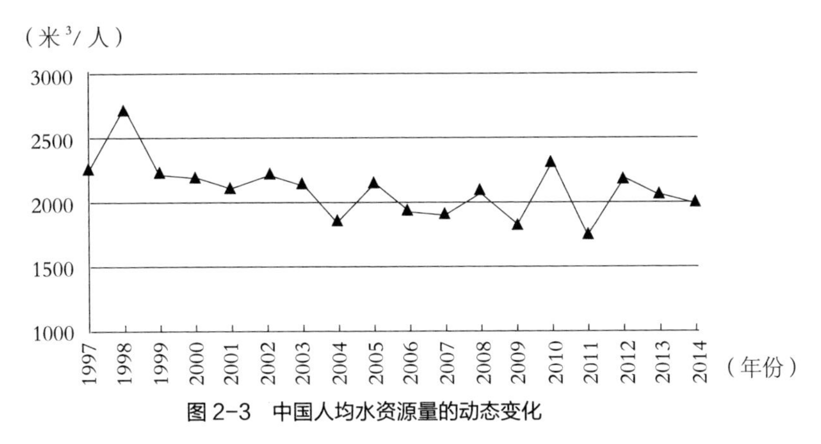

图 2-3　中国人均水资源量的动态变化

数据来源：《中国水利统计年鉴 2015》。

（4）水资源总量占降水总量的比例变化情况。从图 2-4 可以看出，中国水资源总量占降水总量的比例总体上呈现出下降的态势，而且期间阶段性特征较为明显，从 1997 年到 2004 年，除了 1998 年高点之外，呈现出连续下降的态势；而从 2005 年到 2014 年，则呈现出明显的剧烈波动性变化。

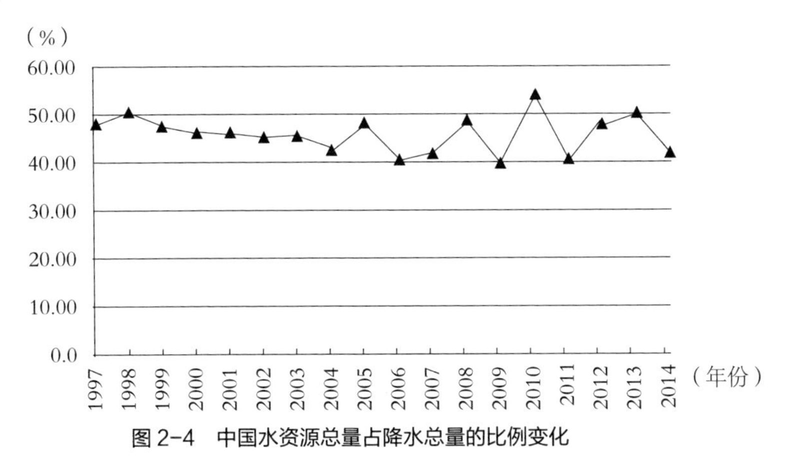

图 2-4　中国水资源总量占降水总量的比例变化

数据来源：《中国水利统计年鉴 2015》。

（二）中国水资源区域分布特点

1. 降水量的区域分布情况

2014 年，中国平均降水量为 622.3 毫米，与常年值基本持平。下面从水源分区及行政区域两个层面进行分析。

从水资源分区看，松花江区、辽河区、海河区、黄河区、淮河区、西北诸河区 6 个水资源一级区（即北方 6 区）平均降水量为 316.9 毫米，比常年值偏少 3.4%；长江区（含太湖流域）、东南诸河区、珠江区、西南诸河区 4 个水资源一级区（即南方 4 区）平均降水量为 1205.3 毫米，与常年值基本持平。

从区域分区来看，东部地区 11 个省（市）的平均降水量为 1045.8 毫米，比常年值偏少 5.4%；中部地区 8 个省的平均降水量为 925.4 毫米，比常年值偏多 1.1%；西部地区 12 个省（市、区）的平均降水量为 501.0 毫米，与常年值基本持平（见图 2–5）。

单位：毫米

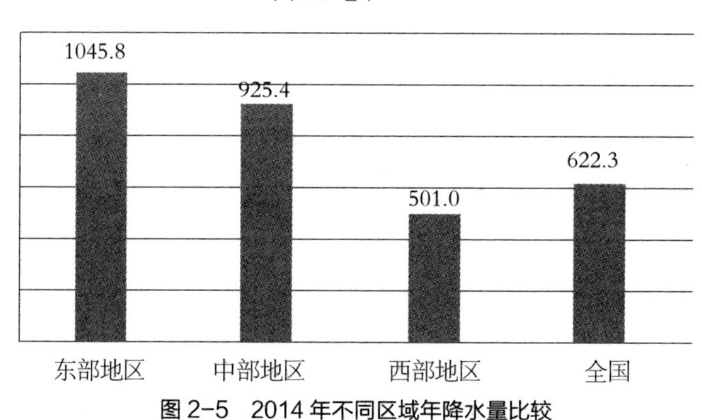

图 2–5　2014 年不同区域年降水量比较

数据来源：《中国水利统计年鉴 2015》。

2. 地表水资源量的区域分布情况

2014 年，中国地表水资源量为 26263.9 亿立方米，折合年径流深 277.4 毫米，比常年值偏少 1.7%。

从水资源分区看，北方 6 区地表水资源量为 3810.8 亿立方米，折合年径流深 62.9 毫米，比常年值偏少 13.0%；南方 4 区为 22453.1 亿立方米，折合年径流深 657.9 毫米，比常年值偏多 0.6%。

从行政分区看，东部地区地表水资源量为 5022.9 亿立方米，折合年径流深 471.3 毫米，比常年值偏少 3.1%；中部地区地表水资源量为 6311.6 亿立方米，折合年径流深 378.3 毫米，与常年值基本持平；西部地区地表水资源量为 14929.4 亿立方米，折合年径流深 221.7 毫米，比常年值偏少 1.9%（见图 2–6）。

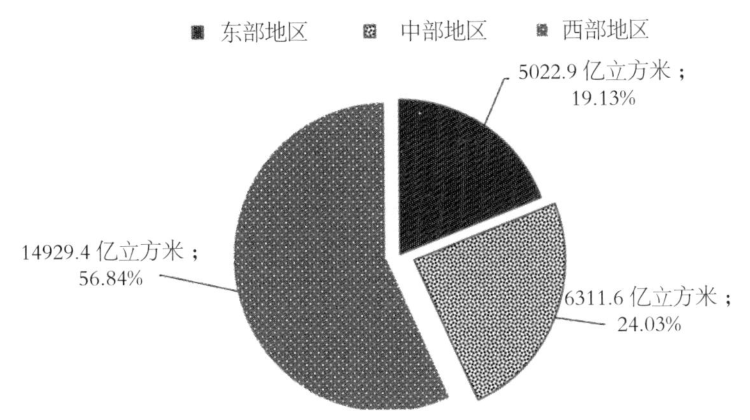

图 2-6　2014 年不同区域地表水资源量比较

数据来源：《中国水利统计年鉴 2015》。

2014 年，从国境外流入中国境内的水量为 187.0 亿立方米，从中国流出国境的水量为 5386.9 亿立方米，流入界河的水量为 1217.8 亿立方米，中国入海水量为 16329.7 亿立方米。

3. 地下水资源量的区域分布情况

中国矿化度小于等于 2 克 / 升地区的地下水资源量为 7745.0 亿立方米，比常年值偏少 4.0%。其中，平原区地下水资源量为 1616.5 亿立方米；山丘区浅地下水资源量为 6407.8 亿立方米；平原区与山丘区之间的地下水资源重复计算量为 279.3 亿立方米。中国北方 6 区平原浅层地下水计算面积占中国平原区面积的 91%，2014 年地下水总补给量为 1370.3 亿立方米，是北方地区的重要供水水源。在北方 6 区平原地下水总补给量中，降水入渗补给量、地表水体入渗补给量、山前侧渗补给量和井灌回归补给量分别占 50.4%、35.8%、8.1% 和 5.7%。

4. 水资源总量的区域分布情况

2014 年，中国水资源总量为 27266.9 亿立方米，比常年值偏少 1.6%。地下水与地表水资源不重复量为 1003.0 亿立方米，占地下水资源量的 12.9%（地下水资源量的 87.1% 与地表水资源量重复）。

从水资源分区看，北方 6 区水资源总量为 4658.5 亿立方米，比常年值偏少 11.6%，占中国的 17.1%；南方 4 区水资源总量为 22608.4 亿立方米，比常年值偏多 0.7%，占中国的 82.9%（见图 2-7）。

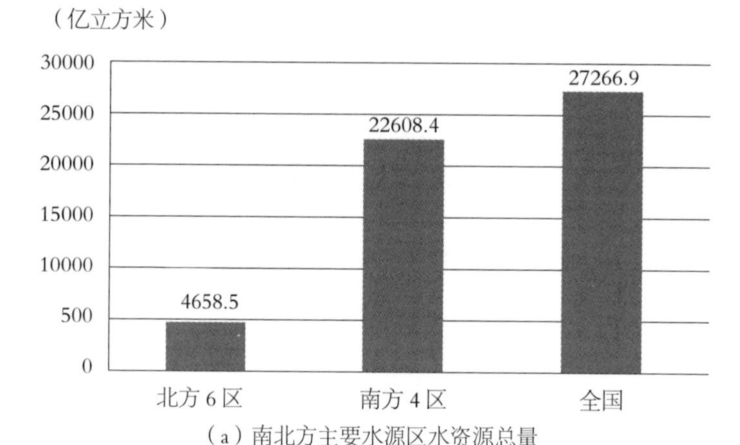

（a）南北方主要水源区水资源总量

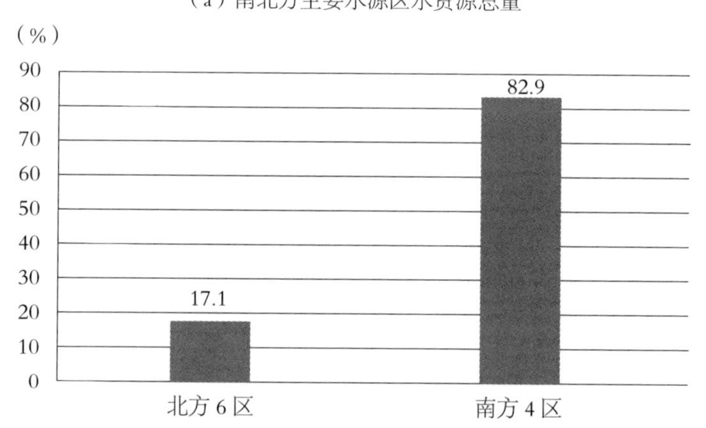

（b）南北方主要水源区水资源总量所占比例

图 2-7 2014 年南北方主要水源区水资源总量比较

数据来源：《中国水利统计年鉴 2015》。

从水资源的区域分布看，西部地区要明显高于中部和东部地区。其中，东部地区水资源总量为 5332.3 亿立方米，比常年值偏少 3.5%，占中国的 19.6%；中部地区水资源总量为 6768.8 亿立方米，比常年值偏多 0.5%，占中国的 24.8%；西部地区水资源总量为 15165.8 亿立方米，比常年值偏少 1.8%，占中国的 55.6%（见图 2-8）。

5. 人均水资源量的区域分布情况

我国人均水资源量呈阶梯状分布，西部地区人均水资源量最高，中部地区其次，东部地区人均水资源量最少。在西部地区中又以西藏自治区人均水资源量最高，中部地区各省（市）人均水资源量相差不大，东部地区中以北部沿海地区和黄河中下游地区最少。

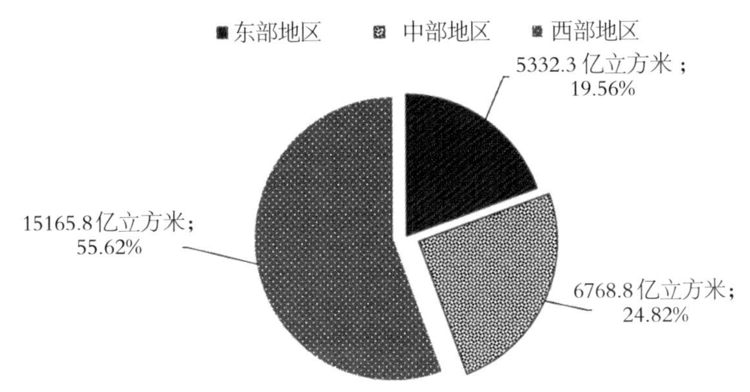

图 2-8　2014 年不同区域水资源总量比较

数据来源：《中国水利统计年鉴 2015》。

1997—2014 年间，我国每年人均水资源占有量呈现出“西部多，东部少”的现象。以 2014 年为例，西部地区人均水资源占有量极其丰富，人均水资源占有量达到 14809 立方米，全国人均水资源量平均为 1999 立方米，东部地区人均水资源量仅为 1150 立方米，中部地区为 1665 立方米（见图 2-9）。

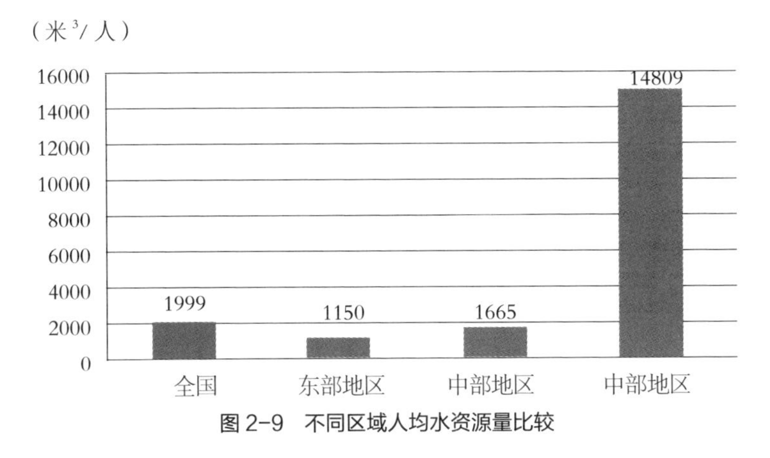

图 2-9　不同区域人均水资源量比较

数据来源：《中国水利统计年鉴 2015》。

根据 2014 年不同区域人均水资源量情况计算出彼此之间的差距，详见不同区域人均水资源量之间的差距矩阵（见表 2-1）。

表 2-1　不同区域人均水资源量差距矩阵　　单位：米³/ 人

地区	人均水资源量	全国	东部地区	中部地区	西部地区
全国	1999	—	-849	-333	12810
东部地区	1150	849	—	515	13659
中部地区	1665	333	-515	—	13144
西部地区	14809	-12810	-13659	-13144	—

资料来源：根据《中国统计年鉴 2015 年》计算得到。

前面已经提到，2014 年中国人均水资源量平均为 1999 米³/ 人，将各省（市、区）人均水资源量与此进行比较，并按照不同区域的分布，将结果绘制成表 2-2。由表 2-2 可见，有 16 个省（市、区）人均水资源量低于全国人均水资源量的平均水平，其中，东部地区 8 个省（市），中部地区 5 个省，西部地区 3 个省（区）；其余 15 个省（市、区）人均水资源量高于全国人均水资源量的平均水平，其中，东部地区 3 个省，中部地区 3 个省，西部地区 9 个省（市、区）。

表 2-2　2014 年不同省（市、区）人均水资源量情况

人均水资源	东部地区	中部地区	西部地区
低于中国平均水平（16）	天津、北京、河北、山东、上海、辽宁、江苏、广东	河南、吉林、安徽、湖北、山西	宁夏、甘肃、陕西
高于中国平均水平（15）	浙江、福建、海南	黑龙江、湖南、江西	重庆、四川、新疆、贵州、云南、广西、青海、西藏、内蒙古

资料来源：根据《中国统计年鉴 2015》整理得到。

在人均水资源量低于全国人均水资源量的平均水平的 16 个省（市、区）中，有 12 个省（市）人均水资源量不足 1000 立方米。其中，天津、北京 2 个直辖市的人均水资源量都不足 100 立方米，分别为 76.1 立方米、95.1 立方米。

联合国人口组织在 1993 年提出的严重缺水国家的水资源量的标准是小于或等于 1000 米 ^{3}/ 人，水资源紧迫国家的标准是 1000 ～ 1667 米 ^{3}/ 人。对照此标准，这 16 个省（市、区）均属于水资源紧迫的区域，而人均水资源量不足 1000 立方米的 12 个省（市）则属于水资源严重短缺的区域。

在人均水资源量高于全国人均水资源量的平均水平的 15 个省（市、区）中，西藏、青海人均水资源量位居第一位、第二位，分别为 140200 米 ^{3}、13676 米 ^{3}。众所周知，西藏、青海地处青藏高原，是我国大江、大河的发源地，也是东部地区、中部地区的生态屏障，同时，这两个省区人口少，因此，人均水资源量远远高于全国平均水平。

（三）中国水资源水质概况

1. 地表水环境状况

（1）总体情况。根据《2015 中国环境状况公报》提供的数据显示，2015 年，在七大流域、浙闽片河流、西北诸河、西南诸河及太湖、滇池和巢湖的环湖河流共 423 条河流，以及太湖、滇池和巢湖等 62 个重点湖泊（水库）设置了 972 个地表水国控断面（点位），967 个断面，监测结果见图 2-10。

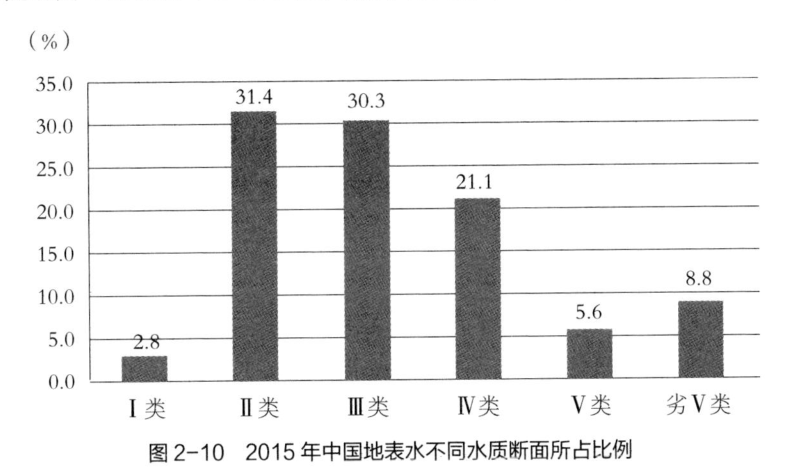

图 2-10　2015 年中国地表水不同水质断面所占比例

数据来源：《2015 中国环境状况公报》。

Ⅰ类水质断面（点位）占 2.8%，比 2014 年下降 0.6 个百分点；Ⅱ类占 31.4%，比 2014 年上升 1.0 个百分点；Ⅲ类占 30.3%，比 2014 年上升 1.0 个百分点；Ⅳ类占 21.1%，比 2014 年上升 0.2 个百分点；Ⅴ类占 5.6%，比 2014 年下降 1.2 个百分点；劣Ⅴ类占8.8%，比2014年下降0.4个百分点（见表2-3）。

（2）流域水质情况。2015年，长江、黄河、珠江、松花江、淮河、海河、辽河等七大流域和浙闽片河流、西北诸河、西南诸河的700个国控断面中，各类水质的断面所占比例及与2014年的比较见表2-4。其中，劣Ⅴ类水质断面主要集中在海河、淮河、辽河和黄河流域。主要污染指标为化学需氧量、五日生化需氧量和总磷。

表2-3　2015年不同水质断面所占比例及变化

水质类别	断面所占比例（%）	相对于2014年的变化（百分点）
Ⅰ类	2.8	−0.6
Ⅱ类	31.4	1.0
Ⅲ类	30.3	1.0
Ⅳ类	21.1	0.2
Ⅴ类	5.6	−1.2
劣Ⅴ类	8.8	−0.4

资料来源：《2015中国环境状况公报》。

表2-4　2015年流域不同水质断面所占比例及变化

水质类别	断面所占比例（%）	相对于2014年的变化（百分点）
Ⅰ类	2.7	−0.1
Ⅱ类	38.1	1.2
Ⅲ类	31.3	−0.2
Ⅳ类	14.3	−0.7
Ⅴ类	4.7	−0.1
劣Ⅴ类	8.9	−0.1

资料来源：《2015中国环境状况公报》。

各大流域的干流、支流上国控断面中不同水质断面所占比例详见表2-5。

表 2-5 各大流域不同水质断面所占比例情况

流域	国控断面数量（个）	Ⅰ类（%）	Ⅱ类（%）	Ⅲ类（%）	Ⅳ类（%）	Ⅴ类（%）	劣Ⅴ类（%）	主要污染指标
长江流域	160	3.8	55.0	30.6	6.2	1.2	3.1	—
黄河流域	62	1.6	30.6	29.0	21.0	4.8	12.9	总磷、氨氮和五日生化需氧量
珠江流域	54	3.7	74.1	16.7	1.8	—	3.7	—
松花江流域	86	—	8.1	57.0	26.7	2.3	5.8	高锰酸盐指数、化学需氧量和总磷
淮河流域	94	—	6.4	47.9	22.3	13.8	9.6	化学需氧量、五日生化需氧量和总磷
海河流域	64	4.7	15.6	21.9	6.2	12.5	39.1	化学需氧量、氨氮和总磷
辽河流域	55	1.8	30.9	7.3	40.0	5.5	14.5	五日生化需氧量、化学需氧量和氨氮
浙闽片河流	45	4.4	31.1	53.3	8.9	2.2	—	—
西北诸河	51	7.8	88.2	—	2.0	2.0	—	—
西南诸河	29	—	72.4	24.1	3.4	—	—	—

资料来源：根据《2015 中国环境状况公报》整理得到。

（3）湖泊（水库）水质情况。《2015 中国环境状况公报》指出，2015 年，全国 62 个重点湖泊（水库）中，具有Ⅰ类水质的湖泊（水库）5 个，占 8.06%；Ⅱ类水质的 13 个，占 20.97%；Ⅲ类水质的 25 个，占 40.32%；Ⅳ类水质的 10 个，占 16.13%；Ⅴ类水质的 4 个，占 6.45%；劣Ⅴ类水质的 5 个，占 8.06%（见图 2-11）。这些湖泊（水库）的主要污染指标为总磷、化学需氧量和高锰酸盐指数。

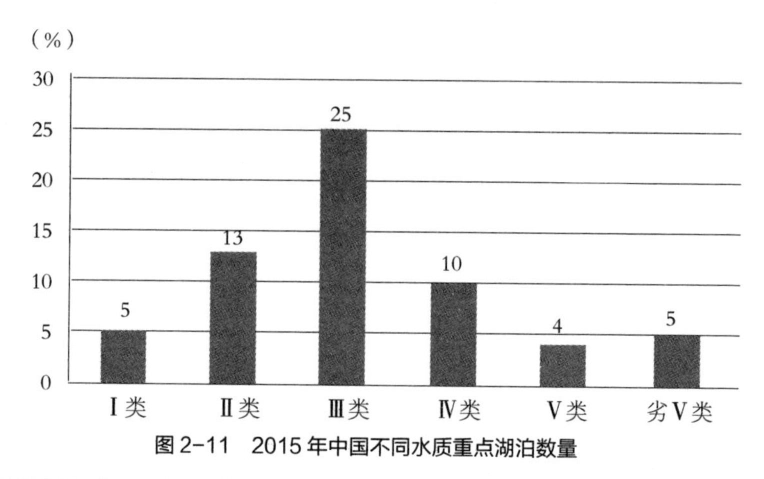

图2-11　2015年中国不同水质重点湖泊数量

数据来源：《2015中国环境状况公报》。

2015年，对61个湖泊（水库）开展营养状态监测。监测结果表明，在61个湖泊（水库）中，有6个处于贫营养状态；有41个处于中度营养状态；有12个处于轻度富营养状态；有2个处于中度富营养状态（见图2-12）。

在湖泊（水库）中，最典型的就是太湖、巢湖和滇池，2015年的监测结果表明，三大湖体的水质状况不容乐观。

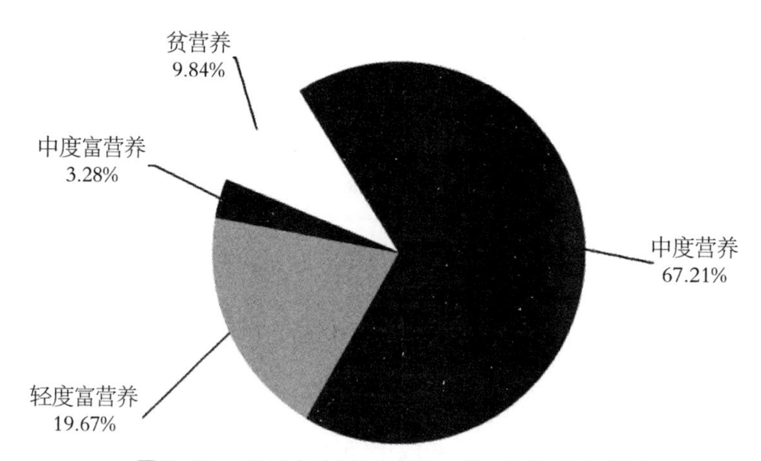

图2-12　2015年中国不同营养化状态的湖泊数量比例

数据来源：《2015中国环境状况公报》。

太湖：太湖湖体平均为Ⅳ类水质。20个国控点位中，水质为Ⅲ类的点位占20.0%，水质为Ⅳ类的点位占75.0%，水质为Ⅴ类的点位占5.0%。主要污染指标为化学需氧量和总磷，湖体平均为轻度富营养状态。

巢湖：巢湖湖体平均为Ⅴ类水质。8个国控点位中，水质为Ⅳ类的点位占50.0%，水质为Ⅴ类的点位占50.0%。主要污染指标为总磷，湖体平均为轻度富营养状态。

滇池：湖体平均为劣Ⅴ类水质。10个国控点位中，水质为Ⅴ类的点位占10.0%，水质为劣Ⅴ类的点位占90.0%。主要污染指标为化学需氧量、总磷和高锰酸盐指数，湖体平均为中度富营养状态。

2. 地下水环境状况

（1）以地下含水系统为单元的监测结果。根据《2015中国环境状况公报》的数据显示，2015年，以地下水含水系统为单元，以潜水为主的浅层地下水和承压水为主的中深层地下水为对象，国土部门对全国31个省（区、市）202个地市级行政区的5118个监测井（点）（其中国家级监测点1000个）开展了地下水水质监测。其中，以潜水为主的浅层地下水水质监测井（点）有3322个，以承压水为主（其中包括部分岩溶水和泉水）的中深层地下水水质监测井（点）有1796个。监测结果见表2-6。

由此可以看出，中国地下水水质状况不容乐观，究其原因，可能在一些区域存在着如下现象：随着社会经济的快速发展以及广大居民生活水平的日益提高，生产废水、生活污水处理严重滞后，即便有相应的设施，也难以达到处理要求。更有甚者，个别地方水体的污染已经呈现出一体化发展态势，对地表水污染之后，将工业废水注入地下，造成地下水体的严重污染。

表2-6 2015年中国地下水水质监测结果

单位：%

监测对象	优良	良好	较好	较差	极差
总体水质	9.1	25.0	4.6	42.5	18.8
浅层地下水水质	5.6	23.1	5.1	43.2	23.0
中深层地下水水质	15.6	28.4	3.7	41.1	11.2

资料来源：根据《2015中国环境状况公报》整理得到。

从地下水体超标指标来看，主要包括总硬度，溶解性总固体，pH，化学需氧量（Chemical Oxygen Demand，COD），“三氮”（亚硝酸盐氮、硝酸盐氮和铵氮），氯离子，硫酸盐，氟化物，锰，砷，铁等，个别水质监测点存在铅、六价铬、镉等重（类）金属超标现象。

（2）以流域为单元的地下水水质监测结果。2015 年，以流域为单元，水利部门对北方平原区 17 个省（区、市）的重点地区开展了地下水水质监测。从监测井的空间布局来看，监测井主要分布在地下水开发利用程度较大、污染较严重的地区；从监测对象来看，主要以浅层地下水为主。由于浅层地下水易受地表或土壤水污染下渗影响，水质评价结果总体较差。

监测评价结果显示，地下水水质优良、良好、较差和极差的监测站比例分别为 0.6%、19.8%、48.4% 和 31.2%，无水质较好的监测站。主要污染物指标为"三氮"，污染较为严重，部分地区存在一定程度的重金属和有毒有机物污染。

3. 集中式饮用水源地环境状况

根据《2015 中国环境状况公报》显示，2015 年，全国 338 个地级以上城市的集中式饮用水水源地取水总量为 355.43 亿吨，服务人口 3.32 亿人。其中，达标取水量为 345.06 亿吨，占取水总量的 97.1%。其中，地表饮用水水源地 557 个，达标水源地占 92.6%，主要超标指标为总磷、溶解氧和五日生化需氧量；地下饮用水水源地 358 个，达标水源地占 86.6%，主要超标指标为锰、铁和氨氮。

4. 重点水利工程水环境状况

（1）三峡库区。长江主要支流水体综合营养状态指数范围为 25.9 ~ 81.2，富营养的断面占监测断面总数的 30.5%，回水区水体处于富营养状态的断面比例为 35.6%，比非回水区高 10.6 个百分点。

（2）南水北调（东线）。南水北调东线长江取水口夹江三江营断面为Ⅱ类水质。输水干线京杭运河里运河段、宝应运河段、宿迁运河段、鲁南运河段、韩庄运河段和梁济运河段均为Ⅲ类水质。洪泽湖湖体 6 个点位均为Ⅳ类水质，营养状态为轻度富营养；骆马湖湖体 2 个点位、南四湖湖体 5 个点位和东平湖湖体 2 个点位均为Ⅲ类水质，营养状态均为中度营养。

（3）南水北调（中线）。南水北调中线取水口陶岔断面为Ⅱ类水质。丹江口水库 5 个点位均为Ⅱ类水质，营养状态为中度营养。入丹江口水库的 9 条支流 18 个断面中，汉江有 2 个断面为Ⅰ类水质，其余 5 个断面均为Ⅱ类水质；天河、金钱河、浪河、堵河、老灌河、淇河、官山河和丹江的 11 个断面均为Ⅱ类水质。

5. 省界水体环境状况

2015 年全国 530 个重要省界断面监测结果表明，Ⅰ ~ Ⅲ类、Ⅳ ~ Ⅴ类、劣Ⅴ

类水质断面比例分别为66.0%、16.5%和17.5%。主要污染指标为氨氮、总磷和化学需氧量。

二、土地资源现状

耕地作为农业生产的最基本的生态要素之一，耕地生态系统是否健康直接决定着粮食等农产品数量及质量的双重安全。当前，耕地生态系统的健康状况不容乐观，突出表现为耕地资源数量不足与质量偏低并存，耕地占用与耕地土壤污染同在。

（一）总体情况

《2015中国国土资源公报》中的数据表明，截至2014年年底，全国共有农用地64574.11万公顷，其中耕地13505.73万公顷，占农用地面积的20.92%。2014年，各种原因造成全国耕地面积减少38.80万公顷、增加28.07万公顷，从而导致耕地面积年内净减少10.73万公顷。从动态变化上来看，我国耕地面积呈现出明显的刚性递减态势，从2010年的13526.83万公顷减少到2015年的13500万公顷，减少了26.83万公顷，减少了约0.20%（见图2–13）。

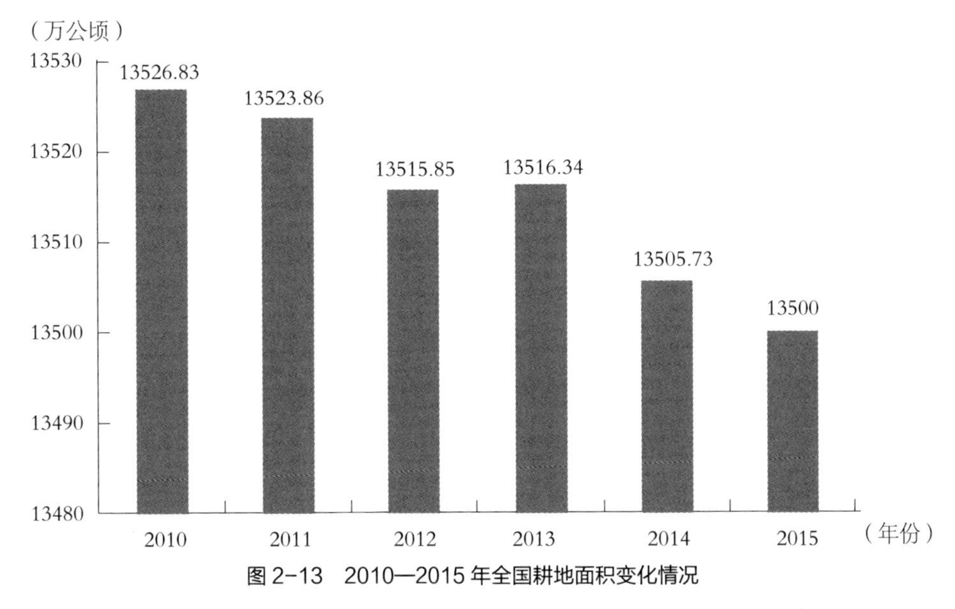

图2–13　2010—2015年全国耕地面积变化情况

数据来源：中华人民共和国国土资源部2014年4月25日发布的《2015中国国土资源公报》，其中2015年耕地面积数据是预报数据。

上面的数据表明，在农用地之中耕地仅占 1/5。从耕地质量来看，2014 年我国耕地面积中优等地、高等地所占比例分别为 2.9%、26.5%，更大比例的耕地是土地生产率较低的中等地、低等地。因此，我国大力推行中低产田改造，根据不同类型中低产田的特点，通过技术的有效集成，改善耕地土壤质量，提高土地的生产能力。现阶段，在快速工业化、城镇化进程中，对优质耕地的占用在短期内不但不会停滞，反而会呈现刚性增加的趋势，从而导致中国耕地面积构成中优等地、高等地所占比例会进一步下降。

耕地面积仅仅是一个数量的概念，没有考虑到质量因素。众所周知，城镇化、工业化进程中工业园区、道路等建设用地占用的绝大多数都是土地生产力很高的优质耕地，而土地整治等增加的耕地土地生产力极低，而且一些补充的所谓的耕地在短期内难以有现实的生产力。这种单独以耕地面积数量作为划定生态红线的依据是不完整的，从长远来看，将会对我国以粮食为主的农产品安全构成一定的威胁。因此，对耕地生态红线的划定，需要统筹考虑耕地面积的数量与质量，更应主要注重实际。基层调研发现，很多地方特别是山区丘陵地带，基本农田都上山了，很多公益林用地都成了基本农田范畴了，从而导致了农业部门、林业部门之间的矛盾。

就耕地资源而言，数量在减少，优质耕地的比例在下降。与此同时，中国耕地所面临污染也呈现日益严重的趋势。工业企业向农村的扩张，导致了污染呈现出从局部向区域、从地面向地下蔓延的立体化态势。此外，传统的农业生产方式下，农业面源污染也呈现出较为严重的状态。以化肥施用为例，2006 年农用化肥施用量为 492.77 亿千克，到 2015 年增加到 602.26 亿千克，增加了 109.49 亿千克，增长 22.22%。同期，农作物总播种面积只增长 9.35%。由此表明，两者之间表现出明显的较为强烈的耦合关系。

化肥施用强度是衡量一个区域化肥消费有效性的一个重要指标。近 10 年，我国化肥施用强度呈现出明显的递增态势，从 2006 年的 323.9 千克 / 公顷增加到 2015 年的 362.0 千克 / 公顷，增加了 38.1 千克 / 公顷，增长 11.77%（见图 2–14）。我国 2015 年的施肥强度是国际公认警戒上限 225 千克 / 公顷的 1.61 倍以上，更是欧美平均用量的 4 倍以上。

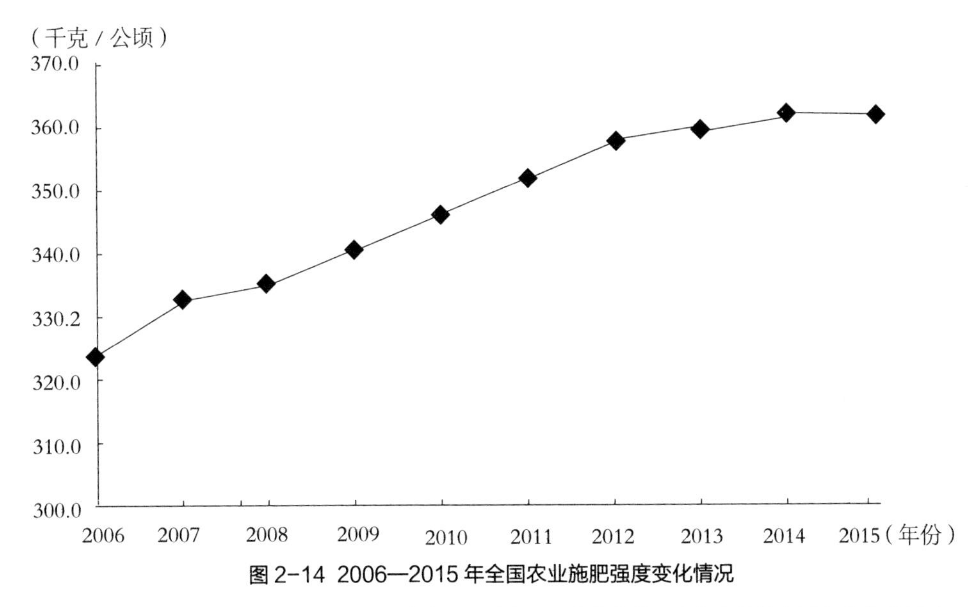

图 2-14　2006—2015 年全国农业施肥强度变化情况

数据来源：中华人民共和国环境保护部，中华人民共和国国家统计局，中华人民共和国农业部 2010 年 2 月 11 日发布的《第一次全国污染源普查公报》。

有关资料表明，我国化肥的综合利用率只有 30% 左右，没有得到有效利用的部分都流失进入土壤及地下水系统之中。农业生产中化学投入品利用率低导致的主要污染物流失（排放）较为严重。《第一次全国污染源普查公报》中的数据表明，种植业中的总氮流失量、总磷流失量分别为 1.60×10^9 千克、1.09×10^8 千克。[①]

导致农业面源污染的因素还有农药、除草剂、杀虫剂等投入。对农药而言，其使用量持续增加，从 2006 年的 153.7 万吨，增加到 2014 年的 180.7 万吨，增加了 27 万吨，增长 17.55%。此外，农村规模化养殖排放的大量的化学需氧量、总氮、总磷等，也对耕地土壤造成一定的污染。2014 年公布的《全国土壤污染状况调查公报》表明，我国耕地土壤污染状况不容乐观，点位超标率为 19.1%，其中，轻微、轻度、中度和重度污染的比例分别为 13.2%、2.8%、1.8% 和 1.1%[②]，此外，我国耕地土壤的

① 中华人民共和国环境保护部，中华人民共和国国家统计局，中华人民共和国农业部．第一次全国污染源普查公报［EB/OL］．（2010-02-11）［2019-02-25］．http：//www.stats.gov.cn/tjsj/tjgb/qttjgb/qgqttjgb/201002/t20100211_30641.html.

② 中华人民共和国环境保护部，中华人民共和国国土资源部．全国土壤污染状况调查公报［EB/OL］．（2014-04-17）［2019-02-20］．http：//sh.qihoo.com/pc/94b7e536954f4cae9?cota=4&tj_url=so_rec&sign=360_e39369d1&refer_scene=so_1.

重金属污染已进入一个"集中多发期"。耕地土壤污染直接导致了农产品质量的下降，影响农产品的质量安全。

（二）存在问题

1. 耕地数量不足，总体质量偏低

《2016中国国土资源公报》显示，截至2015年年末，我国耕地面积为13499.87万公顷，占农用土地面积的20.9%；全国人均耕地面积仅为1.46亩[①]，很多地方人均耕地面积不足1亩，规模小，与现代农业发展的需求相比，耕地资源数量不足。同时，我国耕地资源的总体质量偏低。2015年，全国耕地平均质量等别为9.96等。耕地中优等地（1～4等）、高等地（5～8等）、中等地（9～12等）和低等地（13～15等），所占比例分别为2.9%、26.5%、52.8%、17.7%[②]。

2. 优质耕地占用仍在持续，耕地土壤污染不容乐观

随着工业化、城镇化进程的加快，城镇建设、工业园区建设、道路建设对耕地的占用仍在持续，耕地数量持续下降趋势短期内难以扭转。[③] 有关数据表明，2015年净减少耕地面积5.95万公顷。需要特别指出的是，工业化、城镇化等所占用的耕地绝大部分都是优质耕地，土地生产率较高，而通过土地整理等措施补充的耕地，则是土地生产力较低，有的在短期内难以形成土地生产力的耕地。因此，优质耕地减少的面积远远高于年内净减少的面积。长期持续下去的话，势必会对国家粮食安全构成威胁。图2-15是2009年以来我国耕地面积的变化情况。

2014年《全国土壤污染状况调查公报》数据表明，我国耕地土壤的点位超标率为19.1%，其中，轻微、轻度、中度和重度污染的比例分别为13.2%、2.8%、1.8%和1.1%[④]，耕地土壤的污染状况不容乐观。此外，荒漠化、沙化以及水土流失、重金属污染、农业面源污染对耕地资源质量也具有一定的影响。

---

① 1亩=666.67平方米，下同。

② 中华人民共和国国土资源部.2016中国国土资源公报［EB/OL］.（2017-09-16）［2019-02-20］. http：//www.sohu.com/a/139225081_498950.

③ 于法稳.基于资源视角的农业供给侧结构性改革的路径研究［J］.中国农业资源与区划，2017（6）.

④ 中华人民共和国环境保护部，中华人民共和国国土资源部.全国土壤污染状况调查公报［EB/OL］.（2014-04-17）［2019-02-20］.

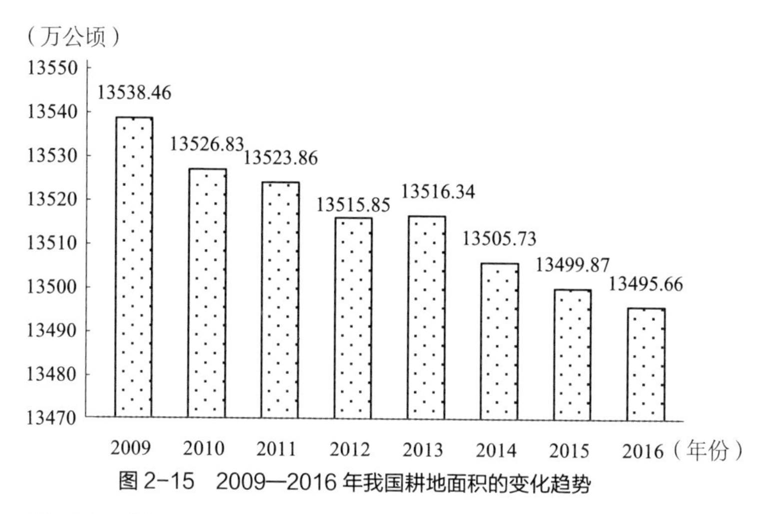

图 2-15　2009—2016 年我国耕地面积的变化趋势

数据来源：《中国统计年鉴》。

三、森林资源现状

众所周知，森林生态系统为人类发展提供了非常广泛的生态服务功能，发展林业是全面建成小康社会的重要内容，是生态文明建设的重要举措。党中央、国务院高度重视林业发展，并出台了推动林业发展和生态建设一系列重大战略决策，实施了一系列重点林业生态工程，森林资源质量有所提高，但依然不能满足新时代人民群众不断增长的美好生活需求。特别是与世界森林资源相比，我国森林资源的现状水平依然不足。根据《第八次全国森林资源清查结果》，中国森林覆盖率为 21.63%，远远低于全球 31% 的平均水平，人均森林面积也仅为世界平均水平的 1/4（见表 2-7），森林资源总量相对不足、质量不高、分布不均的状况仍没有从根本上改变。此外，进一步扩大森林面积的空间越来越小，难度越来越大，造林成本越来越高，而当前林业政策中有关补贴标准根本不考虑造林成本，极大地影响了造林的积极性；农业面源污染对林业造成的影响还没有引起关注；一些地方还存在着严重的违规占用林地现象。

表 2-7　中国森林资源变化情况

清查	森林面积（亿公顷）	森林覆盖率（%）	森林蓄积量（亿立方米）	天然林面积（亿立方米）	天然林蓄积（亿立方米）
第 6 次清查（1999—2003 年）	1.75	18.21	124.56	1.16	105.93

续表

清查	森林面积（亿公顷）	森林覆盖率（%）	森林蓄积量（亿立方米）	天然林面积（亿立方米）	天然林蓄积（亿立方米）
第7次清查（2004—2008年）	1.95	20.36	137.20	1.20	114.02
第8次清查（2009—2013年）	2.08	21.63	151.37	1.22	122.96

数据来源：历次《中国森林资源清查资料》整理得到。

四、草地资源现状

我国是一个草原资源大国，拥有各类天然草原近4亿公顷，覆盖着2/5的国土面积。发展草地农业是农村生态文明建设的新阵地，对于保障我国生态安全、促进农业可持续发展具有重要意义。近些年来，国家实施了一系列强草惠牧政策措施及生态工程建设，使草原生态功能逐渐完善，草原生产率得到提高，并初步遏制了草原生态环境持续恶化的势头。

（1）草原面积大，高质量草原面积比例较低。从总体上来看，我国草原面积可以划分为四大类型，即北方干旱半干旱草原区、青藏高寒草原区、东北华北湿润半湿润草原区、南方草地区，每一类型草原面积、可利用草原面积及其占全国相应面积的比例见表2-8。

表2-8　中国草原空间分布情况

草原区	涵盖省区市	草原面积（万公顷）	可利用草原面积（%）
北方干旱半干旱草原区	河北、山西、内蒙古、辽宁、吉林、黑龙江、陕西、甘肃、宁夏、新疆	15994.86（40.72）	13244.58（40.0）
青藏高寒草原区	西藏、青海；四川、甘肃、云南	13908.45（35.41）	12060.93（36.4）
东北华北湿润半湿润草原区	北京、天津、河北、山西、辽宁、吉林、黑龙江、山东、河南、陕西	2960.82（7.54）	2546.12（7.7）
南方草地区	上海、江苏、浙江、安徽、福建、江西、湖南、湖北、广东、广西、海南、重庆、四川、贵州、云南	6419.12（16.34）	5247.92（15.9）
合计		39283.25	33099.55

注：括号中的数据是不同草原区可利用草原面积占全国可利用草原面积的比例。

从草原质量来看，我国高质量的草原面积所占比例并不高。按照相关标准，将草原质量划分为一级到八级，一级质量最好，八级质量最差，不同级别草原面积所占比例见表 2–9。

表 2–9　2016 年中国草原等级分布情况　　单位：%

级别	面积比例
一级 + 二级	6.1
三级 + 四级	17.7
五级 + 六级	31.6
七级 + 八级	44.7

资料来源：《2016 年中国草原监测报告》。

（2）草原建设取得成效的同时，任务依然艰巨。《2016 年中国草原监测报告》显示，2016 年草原综合植被覆盖度达到了 54.6%，草原植被状况明显改善，有力地推动了广大草原农村生态文明建设。草原建设取得巨大成效的同时，生态功能持续提升，但依然普遍存在着草原畜牧超载现象。全国重点天然草原的平均牲畜超载率为 12.4%，全国 268 个牧区半牧区县（旗、市）天然草原的平均牲畜超载率为 15.5%。未来，进一步提升草原生态系统服务价值还面临着草原生态系统稳定性较差、草原生态恢复复杂等挑战。

第三节　产业发展系统发展现状

本书界定的产业发展系统主要是农业、工业和服务业。限于文章写作，本书着重探索农业领域有关生态环境的发展现状，主要表现在农业面源污染、秸秆利用、规模化养殖和抗生素使用等方面。

一、农业面源污染现状

（一）农业面源污染概念及特点

1. 农业面源污染概念

农业面源污染是指在农业生产活动中，由农药、化肥、废料、沉积物、致病菌等分散污染源引起的对水层、湖泊、河岸、滨岸、大气等生态系统的污染。农业面源污染是最为严重且分布最为广泛的面源污染。面源污染自 20 世纪 70 年代被提出和证实以来，对水体污染所占比重随着对点源污染的大力治理呈上升趋势，而农业面源污染是面源污染的最主要组成部分，因此重视农业面源污染是国际大趋势。2015 年 4 月 14 日，农业部副部长张桃林在国新办发布会上表示，中国农业资源环境遭受着外源性污染和内源性污染的双重压力，农业可持续发展遭遇瓶颈。农业已超过工业成为我国最大的面源污染产业，总体状况不容乐观。

2. 农业面源污染的特点

面污染源十分分散，难以从源头加以杜绝。与集中排放的点污染源相比，面源污染“密度”远低于点源，且以扩散的方式发生，一般与气象变化相关，加之流域内土地利用状况、地形地貌、水文特征、气候、土壤类型等因素的差异，导致面源污染时空分布的异质性强。面源污染的分散性是面源污染治理的最大挑战。

面源污染的发生具有随机性和不确定性，污染控制措施却相对滞后。自然条件变化的随机性直接影响了面源污染发生的时间、区域及强度，致使面源污染的发生同样具有随机性的特点。降水量、温度、湿度等因素综合影响农作物的生产，进一步影响农药、化肥等化学制品的使用。面源污染的随机性使得其难以被及时监测，而相应的污染控制措施更难以被及时采用。

农业面源污染具有空间尺度和时间尺度的隐蔽性，为治理带来更大难度。农业面源污染由于排放的分散性导致其地理边界和空间位置不易识别，造成污染来源无法准确查实、及时追踪。同时，农业面源污染对生态环境产生影响一般是一个从量变到质变的过程，在量变的过程中具有隐蔽性和滞后性。例如，化肥中可能含有铬、镉、铅、汞等重金属，随着化肥的不断使用，这些成分会在土壤中不断积累，最终造成严重的环境污染。

（二）农业面源污染现状

农村面源污染具有分散性和隐蔽性、随机性和不确定性、不易监测性和空间异质性等特点，因而对其进行全面治理难度较大，而且具有明显的长期性、复杂性和艰巨性。就农业面源污染的原因而言，从行为学视角来看，是由于化肥、农药、杀虫剂、除草剂等化学品的过量投入及低效利用，以及规模化养殖畜禽粪便的不合理处置等行为，对其进行治理需要完善的制度设计与环境友好型技术进步。从管理学和经济学视角来看，则是由于“追求增长”的发展观、城乡二元经济社会结构、农业面源污染的负外部性以及较高的治理成本。

1. 化肥施用量

（1）总体情况。以化肥施用为例，有关统计数据表明，1996—2015年的20年间，化肥施用量（折纯量）从3827.9万吨增加到6022.6万吨，增加了2194.7万吨，增长57.33%；同期，氮肥施用量增加了216.27万吨，增长10.08%；磷肥施用量增加了184.66万吨，增长28.05%；钾肥施用量增加了352.68万吨，增长121.78%；复合肥施用量增加了1440.99万吨，增长196.13%。由此可见，农用化肥施用量的增加主要来自钾肥与复合肥的增加。

化肥施用强度是指单位播种面积实际用于农业生产的化肥数量。根据相关统计数据，对不同时期化肥施用强度进行计算，结果见图2-16。从中可以看出，我国农业生产中化肥施用强度呈现出明显的增加态势。从“九五”期间到“十二五”期间，化肥施用强度增加了98.59千克/公顷，增长37.93%。而国际公认的化肥施用强度的安全上限为 225 千克 / 公顷，这四个时期我国化肥施用强度分别是安全上限的 1.16 倍、1.29 倍、1.49 倍、1.59 倍。对 13 个粮食主产省区而言，从“九五”期间到“十二五”期间，农作物播种面积仅增长 7.57%，而化肥施用强度却增长了 31.26%，呈现出显著的正向耦合状态。由此表明，我国农业生产依靠化肥投入动能驱动的状况依然没有得到改变。有关资料表明，我国化肥综合使用效率在 30% 左右，大量流失的总氮、总磷等随着地表径流进入水体或者耕地土壤，将会对地下水体、耕地土壤等造成一定的污染，进而影响农产品的品质。

由此可以看出，实现农业绿色发展，转变农业发展方式，提升农产品品质，是从根本上治理农业面源污染的现实需要。

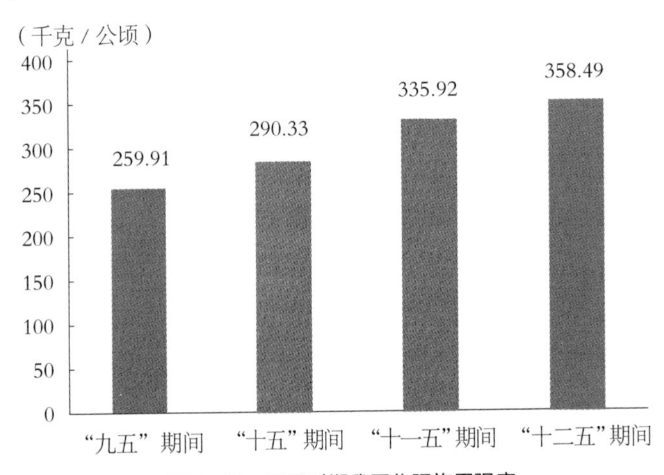

图 2-16　不同时期我国化肥施用强度

数据来源：国家统计局。

近些年来，农业生产对化肥、除草剂、杀虫剂、农膜等化学投入品的依赖性越来越大，再加上这些投入品的利用率较低，进入土壤及地下水体之后，对其造成一定的污染，从而影响到农产品质量安全。

（2）化肥施用量的区域分布。

① 化肥施用量有增无减，区域差异明显。表 2-10 是不同时期化肥施用量及区域分布情况。从中可以看出，从“十五”时期到“十二五”时期，化肥施用量从 4481.50 万吨增加到 5894.70 万吨，增加了 1413.20 万吨，增长 31.53%。

从化肥施用量的区域来看，东部地区化肥施用量占全国化肥施用量的比例呈现出明显的下降态势，从“十五”时期的37.42%下降到“十二五”时期的31.12%，下降了6.30个百分点；相反，中部地区、西部地区化肥施用量占全国化肥施用量的比例都呈现出增加的态势，其中，中部地区增加了2.07个百分点，西部地区增加了4.23个百分点。

表2–10　不同时期化肥施用量及区域分布

地区	“十五”时期		“十一五”时期		“十二五”时期	
	数量（万吨）	比例（%）	数量（万吨）	比例（%）	数量（万吨）	比例（%）
东部地区	1677.00	37.42	1804.73	34.39	1834.51	31.12
中部地区	1691.70	37.75	2042.86	38.93	2347.13	39.82
西部地区	1112.81	24.83	1400.53	26.69	1713.06	29.06
全国	4481.50	100.00	5248.12	100.00	5894.70	100.00

资料来源：根据历年《中国统计年鉴》中的数据整理得到。

② 施肥强度持续增加，区域差异显著。计算结果表明，2016年全国化肥施用强度平均为359.08千克/公顷，是国际公认的化肥施用安全上限（225千克/公顷）的1.60倍。从不同区域的数据来看，东部地区最高，达到了424.52千克/公顷，远远高于全国平均水平，更高于中部地区的350.48千克/公顷以及西部地区的320.07千克/公顷。从省市区的数据来看，全国共有17个省（市、区）的化肥施用强度高于全国平均水平，其中，东部地区10个省市，中部地区4省，西部地区3省区。

从不同时期各区域的数据分析，表现出如下特点：一是全国平均施肥强度、中部地区、西部地区的施肥强度都呈现出持续增加的态势，东部地区的化肥施用强度从“十一五”时期开始在高位上实现递减；二是同一时期化肥施用强度自东向西依次递减；三是每个时期，东部地区化肥施用强度都高于全国平均水平，而中部地区、西部地区化肥施用强度则低于全国平均水平（见表2–11）。根据已有文献，我国化肥平均利用率为35%，由此可以计算进入耕地土壤或地下水体的化肥污染量。结果表明，2016年化肥污染量为3889.61万吨，单位播种面积的化肥污染量为233.40千克/公顷。

③ 粮食主产区化肥施用强度。根据农村改革内容的标志性变化，将农村改革开放的40年历程大体上划分为5个阶段：1978—1984年、1985—1991年、1992—1998年、1999—2006年、2007年以来。为了消除一些偶然因素对农用化肥施用强

度的影响，采取每个阶段的年度平均值作为该阶段的化肥施用强度，对我国 13 个粮食主产区及全国农用化肥施用强度进行了计算，结果见表 2-12。从中可以看出，每个省区化肥施用强度都呈现出明显的递增态势，而且增长的幅度都很大。自 2007 年以来，除黑龙江省之外的 12 个粮食主产省区化肥施用强度都远远高于国际公认的化肥施用安全上限（225 千克 / 公顷）。从化肥施用强度增加的相对数值来看，无论是全国平均水平，还是粮食主产区平均水平，增长的幅度都呈现出明显的递减态势。对全国而言，从第二阶段开始，化肥施用强度增长率从 65.16% 逐渐下降到 21.87%，下降了 43.26 个百分点；对粮食主产区而言，同期从 50.58% 逐渐下降到 18.31%，下降了 32.27 个百分点。尽管 2015 年农业部下发了《到 2020 年化肥使用量零增长行动方案》，明确提出力争到 2020 年，主要农作物化肥施用量实现零增长，但化肥施用强度还有可能会进一步增加。考虑到我国化肥综合利用效率在 30% 左右，流失的总氮、总磷等对耕地土壤、地下水体会造成一定的污染。

表 2-11　不同时期化肥施用强度及区域分布　　单位：千克 / 公顷

地区	"十五"时期	"十一五"时期	"十二五"时期
东部地区	382.58（11）	431.10（11）	428.33（9）
中部地区	274.84（3）	318.60（3）	350.46（4）
西部地区	227.23（2）	278.71（2）	313.59（3）
全国	290.33	335.92	358.49

资料来源：根据历年《中国统计年鉴》中的数据整理得到。
注：括号中的数据表示高于全国平均施肥强度的省市区个数。

表 2-12　不同阶段粮食主产省区化肥施用强度　　单位：千克 / 公顷

地区	1978—1984 年	1985—1991 年	1992—1998 年	1999—2006 年	2007 年以来
河北省	93.96	148.40	258.62	321.39	372.86
内蒙古	26.75	59.90	106.40	157.20	264.09
辽宁省	160.53	205.19	286.13	307.23	352.48
吉林省	93.36	174.91	245.70	272.92	373.47
黑龙江省	42.10	71.16	124.92	135.62	184.06
江苏省	194.09	232.93	361.60	436.15	435.60
安徽省	87.39	156.39	251.52	307.06	362.93
江西省	69.64	131.04	182.72	218.48	254.37
山东省	136.31	199.19	326.26	404.29	435.12

续表

地区	1978—1984年	1985—1991年	1992—1998年	1999—2006年	2007年以来
河南省	81.61	145.98	262.18	348.22	465.49
湖北省	87.56	170.19	298.43	363.16	434.91
湖南省	137.69	150.64	207.77	247.09	288.09
四川省	92.21	135.96	187.76	225.72	259.38
粮食主产区	101.69	153.12	241.37	294.28	348.15
全国	92.29	152.39	231.52	287.93	350.91

资料来源：根据历年《中国统计年鉴》计算整理得到。

2. 农药残留

（1）概念及危害。农药残留是指在农业生产中施用农药后一部分农药直接或间接残存于谷物、蔬菜、果品、畜产品、水产品中以及土壤和水体中的现象，是农药使用后一个时期内没有被分解而残留于生物体、收获物、土壤、水体、大气中的微量农药原体、有毒代谢物、降解物和杂质的总称。施用于作物上的农药，其中一部分附着于作物上，一部分散落在土壤、大气和水等环境中，环境残存的农药中的一部分又会被植物吸收。残留农药直接通过植物果实或水、大气到达人、畜体内，或通过环境、食物链最终传递给人、畜。农残剥离器可以降解水果蔬菜表面的农药残留。

农药进入粮食、蔬菜、水果、鱼、虾、肉、蛋、奶中，造成食物污染，危害人的健康。一般有机氯农药在人体内代谢速度很慢，累积时间长。有机氯在人体内残留主要集中在脂肪中，如DDT在人的血液、大脑、肝和脂肪组织中含量比例为1∶4∶30∶300；狄氏剂为1∶5∶30∶150。由于农药残留对人和生物危害很大，各国对农药的施用都进行了严格的管理，并对食品中农药残留容许量作了规定。如日本对农药实行登记制度，一旦确认某种农药对人畜有害，政府便限制或禁止销售和使用。

（2）农药残留现状。农药的使用在农业生产中发挥了积极的作用，但与此同时，也带来了一系列的问题。农药残留导致了农产品质量的下降，而农膜带来的白色污染也对耕地土壤造成日益严重的危害。

从表2-13可以看出，我国农药使用量从“十一五”时期的165.99万吨增加到“十二五”时期的179.70万吨，增长8.26%。对不同区域而言，同期东部地区下降了0.73%，西部地区增长幅度最大，增长28.62%。从区域分布来看，中部地区农药使用量占全国农药使用量的比例最高，但这个比例在两个时期基本持平。其次是东部地区，但其所占比例下降了 3.37 个百分点；而西部地区所占比例则上升了 3.21 个百分点。已有文献表明，农药污染率一般在 50%，那么因农药使用带来的污染分别为 83 万吨、89.85 万吨，呈现出明显的增加态势。此外，农药包装物成为近年来对水体、土壤造成二次污染的重要污染物，其数量巨大，如果不能有效回收处理，对农业生产系统的健康将造成日益严重的影响。

表 2–13　不同时期农药使用量及区域分布

地区	"十一五"时期		"十二五"时期		增长率（%）
	数量（万吨）	比例（%）	数量（万吨）	比例（%）	
东部地区	67.48	40.65	66.98	37.28	−0.73
中部地区	70.15	42.26	76.23	42.42	8.67
西部地区	28.36	17.09	36.48	20.30	28.62
全国	165.99	100.00	179.70	100.00	8.26

资料来源：根据历年《中国统计年鉴》中的数据整理得到。

3. 农用塑料薄膜

农用薄膜于 20 世纪 70 年代末引入我国，具有增温保墒、抗旱节水、提高肥力、抑制杂草等作用，有效提高了粮食作物的产量，保障了国家粮食安全，并产生了巨大的经济效益，曾被誉为"白色革命"。然而，伴随着农用塑料薄膜的大量使用，农用薄膜不可降解被残留土壤中，以及回收机制的缺失，造成了"白色污染"。2019 年中央一号文件指出，要发展生态循环农业，下大力气治理白色污染。加快废旧农膜回收力度，对于防治农业面源污染、保护农业生态环境至关重要。图 2–17 中的数据表明，我国农用塑料薄膜使用量虽然在年均增长率上有所下降，但是总量却不断提升。2017 年，全国农用塑料薄膜使用量达到 252.8 万吨，较 1991 年的 64.21 万吨增长了近 4 倍。

区域来看，表 2–14 中的数据显示，"十一五"计划以来，华北农区、长江中下游农区和西北农区的农用塑料薄膜使用量位居前三位。"十二五"期间，华北农区共使用农用塑料薄膜 3769950 万吨，占全国总量的 30.52%，长江中下游农区使用量达到 2446111 万吨，占比 19.80%。其中西北农区、西南农区和东北农区的农用塑料薄膜使用量在十年间增长速度最快，分别增长 53.37%、27.86% 和 24.89%。

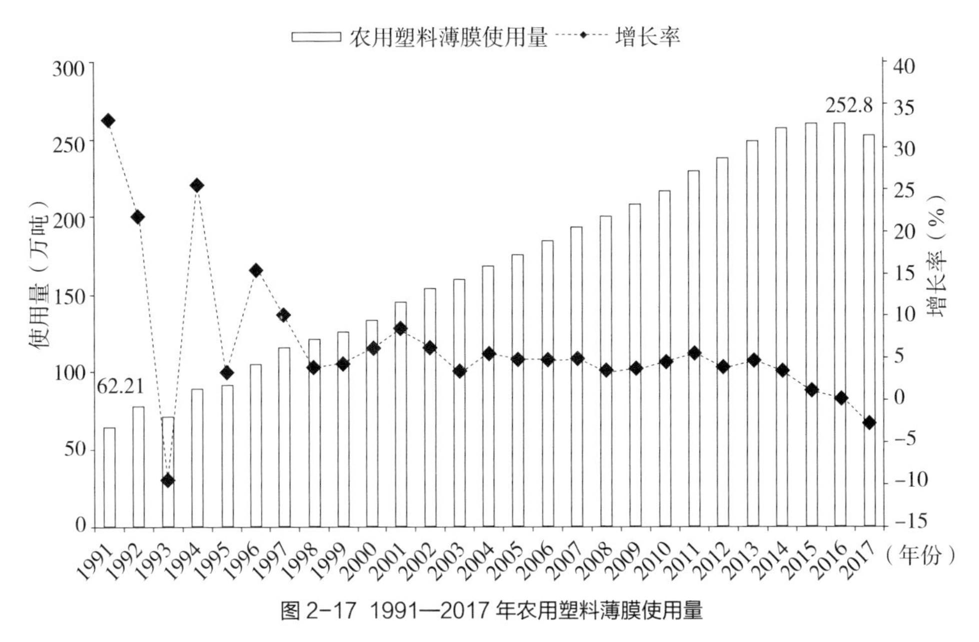

图 2-17　1991—2017 年农用塑料薄膜使用量

数据来源：《中国农业统计年鉴》《中国环境统计年鉴》《中国农村统计年鉴》、国家统计局。

表 2-14　不同时期农用塑料薄膜使用量及区域分布

地区	“十一五”时期		“十二五”时期		增长率（%）
	数量（万吨）	比例（%）	数量（万吨）	比例（%）	
华北农区	3441671.3	34.25	3769950	30.52	9.54
东北农区	1141017	11.35	1424973	11.53	24.89
长江中下游农区	2036836	20.27	2446111	19.80	20.09
西北农区	1461083.6	14.54	2240810	18.14	53.37
西南农区	1261031	12.55	1612349	13.05	27.86
南方农区	707935	7.04	859497	6.96	21.41

目前来看，农用塑料薄膜的回收机制尚未建立，农户对于农膜回收再利用的理念也未形成，多数农户将农业塑料薄膜置于土地中，造成了较大的污染。农用薄膜回收实现资源化利用市场的形成还需要一定的时间，各地在推进农用塑料薄膜资源化利用过程中，也探索出了如甘肃省的“废旧地膜—再生颗粒—深加工产品”模式和“废旧地膜—地膜粉—深加工产品”模式等，但总体来看，废旧农膜的资源化利用长效机制并未建立。

（1）农用塑料薄膜种类。农用薄膜是应用于农业生产的塑料薄膜的总称。随着科学技术的进步，对农作薄膜的要求越来越高，各种新型薄膜不断出现，目前市面上主要有以下几种农用薄膜。

① 轻薄型薄膜。这种薄膜厚度只有普通薄膜厚度的一半，因此重量减轻一半，相应的使用成本也降低一半。这种薄膜的透光度和保温性能也优于普通薄膜，每吨可覆盖耕地 436 亩，为普通农膜的 2 倍。

② 多用途薄膜。此种薄膜除用作水稻、棉花、玉米、烤烟、花卉的育苗和大田覆盖外，还利用它作防洪膜，为灌渠和贮水池做内衬，大大提高水的利用系数。除此以外，农膜还广泛应用于食用菌栽培、贮藏青饲料等。

③ 长寿薄膜。为使薄膜耐老化、易回收，在生产过程中加入防老化剂，可使薄膜的寿命延长 2 ~ 4 倍。地膜在揭膜后仍有一定强度，回收后仍可使用，既能降低成本，又可减少田间的残膜量。

④ 防虫薄膜。它是用普通乙烯和低密度乙烯制成的多层薄膜。这种膜只向四周反射阳光中的紫外线，而抑制可见光的反射。害虫因忌怕紫外光而不敢靠近薄膜，故能起到防虫效果。对于防治抗药性强的蚜虫、红蜘蛛等特别有效。

⑤ 防病薄膜。这是专用薄膜，如玉米地膜、棉花地膜、瓜菜地膜等。它是利用不同作物具有专一性的病害而生产的。防病薄膜生产过程中，有针对性地加入了某种特定的农药。这种地膜无残留、无污染、防病效果显著，不少地方已大量用于种植业。

⑥ 除草薄膜。除草薄膜是新兴的一种农用塑料薄膜，是普通地膜生产过程中加入黑色母粒或者化学除草剂制成的。除草地膜可分为以下两种，一是含阳光屏蔽剂的除草地膜，这种地膜以高压聚乙烯树脂、线型低密度聚乙烯树脂为基料，加入黑色母粒和抗氧剂，紫外光吸收剂经吹膜机生产而成的黑色薄膜，由于不含除草剂，目前在高效农业上广泛运用。二是含除草剂的除草地膜，这种地膜是把除草剂、助剂和树脂预混合好，或做成母粒，再在普通地膜挤出机上经吹塑成膜。这种地膜生产工艺简单，设备投资少，生产普通地膜的设备均可生产。

⑦ 降解薄膜。降解薄膜是为适应社会对于环境保护的需要而产生的一种新型农用薄膜，主要原料为降解母粒与塑料粒子，利用自然界中的微生物对地膜侵蚀或者是利用太阳光对地膜氧化而达到降解。

（2）农用塑料薄膜现状。表 2-15 是不同时期农用塑料薄膜使用量及区域分布情况。从总体情况来看，农用塑料薄膜使用量在增加，从“十一五”时期的200.85万吨增加到“十二五”时期的247.09万吨，增长23.02%。从区域情况来看，不同时期农用塑料薄膜使用量表现出如下特点，一是东部地区所占比例最大，其次是西部地区、中部地区；二是东部地区、中部地区所占比例在下降，前者下降幅度高于后者，西部地区所占比例在增加；三是不同区域农用塑料薄膜使用量都在增加，但增加的幅度差异明显，从东到西呈现逐渐递增态势，西部地区增长率达到了43.44%。如果地膜残留率以10%计算的话，“十二五”时期，我国农膜留在耕地土壤中的数量则为24.71万吨，由此带来的白色污染相当严重。

表2–15　不同时期农用塑料薄膜使用量及区域分布

地区	“十一五”时期		“十二五”时期		增长率（%）
	数量（万吨）	比例（%）	数量（万吨）	比例（%）	
东部地区	85.53	42.58	94.04	38.06	9.95
中部地区	53.16	26.47	63.89	25.86	20.18
西部地区	62.16	30.95	89.16	36.08	43.44
全国	200.85	100.00	247.09	100.00	23.02

资料来源：根据历年《中国统计年鉴》中的数据整理得到。

4. 畜禽粪污

我国畜禽养殖业的快速发展为农民增收和城乡居民生活改善做出了重要贡献，但是养殖废弃物资源化利用水平过低带来的可持续发展问题也同样突出。2010年《第一次全国污染源普查公报》数据显示，畜禽养殖COD排放约占全国COD排放总量的45%。养殖废弃物利用率过低是畜禽养殖专业化、养殖总量快速增长和种植业经营模式转变等因素共同作用下产生的阶段性难题。当前我国畜禽养殖正在从散户向规模化转变。2017年，我国畜禽养殖规模化率为58%左右，规模养殖已然成为畜禽养殖业发展的主要方向。畜禽养殖规模化发展有助于满足人们对畜禽产品的需求，但是，也随之产生了大量粪便、废水等废弃物，对土壤、大气、水资源等造成一定的威胁，给养殖区周边居民生活带来了一定的负面影响。本报告将利用公式（1）估算我国畜禽粪尿产生量，以更好地阐述畜禽粪污的现状。

$$Q = \sum_{i=1}^{n} N_i \times T_i \times P_i \quad (1)$$

式中，Q 代表粪尿产生量，单位为万吨；N_i 代表饲养量，单位为万头（或万匹、万只）；T_i 代表饲养期，单位为天；P_i 代表产排污系数，单位为千克 / 天或克 / 天；i 代表第 i 种畜禽。

关于产排污系数，报告参考了 2009 年《畜禽养殖业源产排污系数手册》及耿维等（2013）的研究，根据畜禽各饲养阶段的天数，对产排污系数进行了适当修正。同时，根据国家环保总局数据，对各类畜禽的饲养期也进行了界定，具体产排污系数见表 2-16。

表 2-16　各类畜禽粪尿的产排污系数 ①　　单位：千克

种类	华北区	东北区	华东区	中南区	西南区	西北区
猪	3.40	4.10	2.97	3.74	3.57	3.54
奶牛	46.05	48.49	46.84	50.99	46.84	31.39
肉牛	22.10	22.67	23.71	23.02	20.42	20.42
家禽	0.145	0.14	0.185	0.09	0.09	0.14
兔	0.15	0.15	0.15	0.15	0.15	0.15
马	5.90	5.90	5.90	5.90	5.90	5.90
驴	5.00	5.00	5.00	5.00	5.00	5.00
骡	5.00	5.00	5.00	5.00	5.00	5.00
羊	0.87	0.87	0.87	0.87	0.87	0.87

为更好地测算畜禽粪尿的产生量，需要对各类畜禽的饲养期做出说明，报告依据国家环保总局在 2004 年印发的《关于减免家禽业排污费等有关问题的通知》环发〔2004〕43 号中的数据，确定了各类畜禽的饲养期。其中，猪的饲养期为 199 天，以出栏量作为饲养量；家禽的饲养期为 210 天，以出栏量作为饲养量；兔的饲养期为 90 天，以饲养量计算；牛、羊、马、驴、骡的饲养期大于 365 天，以

① 东北区：黑龙江、吉林、辽宁；华北区：内蒙古、北京、天津、河北、山西；华东区：山东、安徽、江苏、上海、浙江、江西、福建、台湾；中南区：河南、湖南、湖北、广东、广西、海南、香港、澳门；西南区：西藏、云南、重庆、贵州、四川；西北区：新疆、陕西、甘肃、宁夏、青海。

年底存栏量为饲养量。由此，通过查阅《中国畜牧兽医年鉴》，可以计算得到2016年我国各类畜禽粪尿产生量（见图2-18）。图2-18中的数据显示，2016年，全国畜禽粪尿产生量的估算量约为17.77万吨。其中，肉牛、猪、家禽、奶牛四类动物的粪尿产生量排列靠前，分别占33.27%、26.97%、19.98%和12.74%，四类畜禽粪尿产生量已经占到了全部粪尿产生量的92.96%。

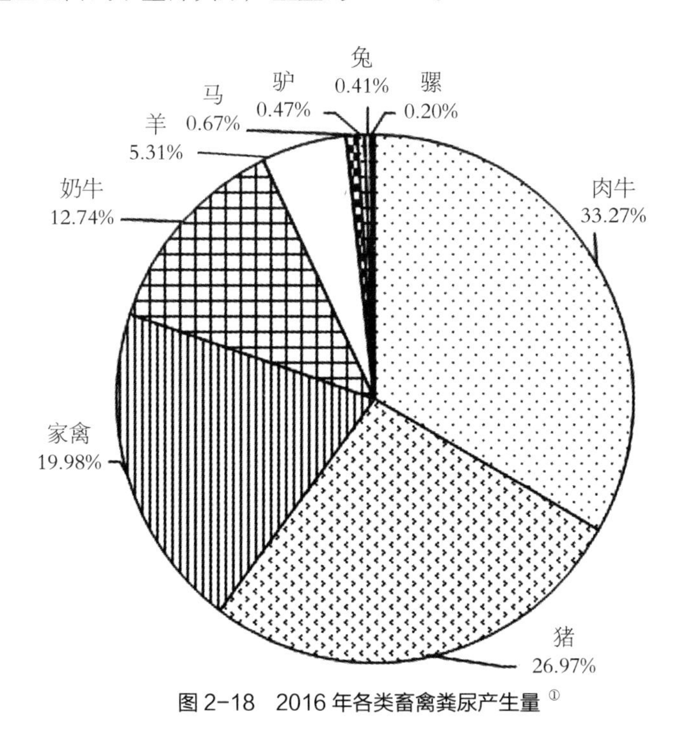

图2-18　2016年各类畜禽粪尿产生量[①]

数据来源：作者测算后自绘。

在区域分布上，图2-19显示了2016年各区畜禽粪尿产生量的情况，在各区位居前三位的畜禽，华北区为奶牛、肉牛和猪，分别占32.59%、23.66%和16.75%；东北区为肉牛、猪、家禽，分别为37.85%、21.11%和19.36%；华东区为家禽、猪和肉牛，分别为45.23%、24.66%和17.14%；中南区为猪、肉牛和家禽，分别为42.59%、30.47%和17.65%；西南区为肉牛、猪和家禽，分别为50.72%、

① 由于《中国畜牧兽医年鉴》只更新至2016年数据，故报告只测算2016年各类畜禽粪尿产生量。

30.79%和7.25%；西北区为肉牛、奶牛和羊，分别为50.26%、22.34%和10.23%。

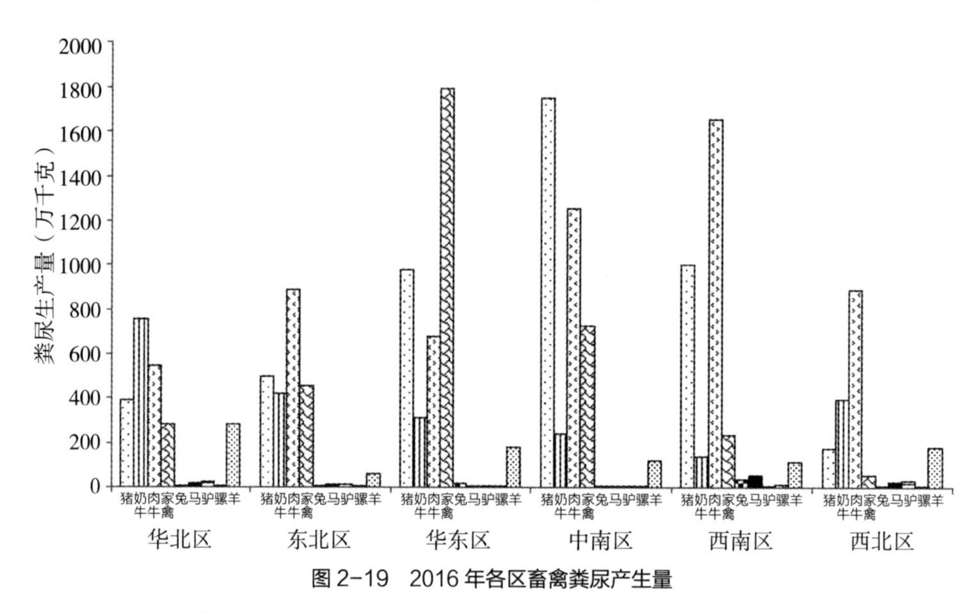

图2-19　2016年各区畜禽粪尿产生量

数据来源：作者测算后自绘。

我国畜牧业要实现绿色转型，就必须要解决好畜禽养殖量与环境容量相适应的问题，解决好畜禽粪污与土地消纳循环利用的问题，才能够保障畜牧业的可持续发展。在畜禽粪污资源化利用方式上，根据种养循环和产业链特征，主要分为三种类型，即传统农家肥型、畜禽养殖场生态型和畜禽养殖场产业链集中型。目前来看，传统农家肥型资源化利用方式存在于部分地区，将逐步退出，而产业链资源化利用将成为资源化利用的主要途径。

二、秸秆利用现状

（一）秸秆利用必要性

近年来，农作物秸秆成为农村面源污染的新源头。每年夏收和秋冬之际，总有大量的小麦、玉米等秸秆在田间焚烧，产生了大量浓重的烟雾，不仅成为农村环境保护的瓶颈问题，甚至成为殃及城市环境的罪魁祸首。据有关统计，作为农业大国，我国每年可生成7亿多吨秸秆，成为“用处不大”但必须处理掉的“废弃物”。在此情况下，完全由农民来处理就出现了大量焚烧的现象。

从国外情况看，特别是在发达国家，科技进步与创新，为农作物秸秆的综合开发利用找到了多种用途，除传统的将秸秆粉碎还田作有机肥料外，还走出了秸秆饲料、秸秆汽化、秸秆发电、秸秆乙醇、秸秆建材等新路子，大大提高了秸秆的利用值和利用率，值得我们借鉴。如北美以耕种玉米、小麦为主，每年产生大量的秸秆。在加拿大的农业区，当玉米成熟时，人们就用玉米收割机一边收割一边把玉米秆切碎，切碎的玉米秆作为肥料返到田里。美国有 24 个农业州，每年能收集大约 4500 万吨秸秆，被用作饲料，或者用来盖房，将整捆的秸秆高强度挤压后填充新房的墙壁；此外，美国还积极推动再生能源事业，把秸秆作为新兴的替代燃料特别是生物燃料，从中提取乙醇进行开发利用，使秸秆综合回收利用有了新发展。当然，这些活动得到了政府补贴等政策的鼓励与支持。在欧洲，则开创了秸秆发电的新途径。丹麦是世界上首先用秸秆发电的国家，农民将秸秆卖给电厂发电，满足上万户居民的用电和供热需求，电厂降低了原料成本，居民获得了实惠的电价，而秸秆燃烧后的草木灰又无偿地还给农民做了肥料，从而形成了一个工业与农业相衔接的循环经济圈。在日本，人们主要是把秸秆翻入土层中还田用作肥料，也把秸秆用作粗饲料喂养家畜；此外，对部分难以处理的秸秆，则通过专门组织、采取统一地点和时间进行就地焚烧。日本也在积极挖掘秸秆的燃料转化潜力，已研制出从秸秆所含纤维素中提取酒精燃料的技术，向着秸秆的科学化、实用化迈出了新步伐。

从国内看，情况仍然不能令人乐观。秸秆还田影响作物生长，秸秆焚烧污染大气环境，综合开发利用又面临着技术不成熟、投资比较大、效果比较差的窘境。农民急于焚烧，而政府急于封堵，两者就打起了游击战。实际上，秸秆综合开发的前景非常好。有学者算过一笔账，如果我们能将秸秆在农村就地变为国家急需的工业原料，实现产业化，吸纳农村劳动力，将给农民带来可观的收入（0.5 吨秸秆 / 亩，增收 150 元 / 亩）。可以设想，如果能转化我国每年 7 亿多吨秸秆的 50%，将是一个巨大的新兴产业；如果能创建以秸秆为原料的新型生态工业，实行种植业、养殖业、农副产品加工业、秸秆生态工业四业相结合的高级阶段生态农业的生产模式，则农用生物柴油燃料、寡糖植保素生物农药、秸秆有机肥、秸秆生物饲料等都是秸秆转化的产物，有望形成比传统“石油农业”劳动生产率更高、可持续发展的新型农业，这种前景十分诱人。在实践中，我国也有不少地方积极探索，创造性地采用了许多有益的经验和办法。

如利用秸秆造纸；或者利用秸秆生产无甲醛系列秸板，广泛用作高档家具、高档包装、高档建筑材料以及高档音箱等基材，既能增加农民收入，还能出口增加外汇收入，使秸秆资源转化为经济优势；鼓励农民扩大养殖规模，使秸秆成为牛羊的粗饲料；可喜的是，一些地方已经利用秸秆汽化原理和技术在农村推行秸秆沼气工程，这是十分有意义的事情。但是，由于秸秆利用的具体工艺还不完善，政策和资金投入不足，市场运作力度还很不够，秸秆加工设备以及相关加工设施有限，秸秆使用技术比较低下，秸秆综合利用的效率和效益有待提高，所以出现了当前的两难困境。

以上情况表明，秸秆焚烧与秸秆多少没有关系，而与秸秆综合利用率低下有直接关系，因此必须解决秸秆综合利用的问题。但如何提高，却不是农民自身可以解决的，必须采取多管齐下的措施与办法。首先要明确的是，秸秆问题必须通过市场化的途径加以解决，即要以市场化的理念来认识秸秆的资源价值，看待其发展前景，要以企业化的制度来推进秸秆的综合利用，拓宽其开发利用的途径。其次要明确和突出政府对秸秆综合利用的主要责任。第一，政府要加大推进秸秆科学研究的力度。我国已经开始了秸秆研究，如国家“973”项目就是瞄准“秸秆组分分离、分级定向转化”的前沿问题，采用秸秆组分分离—纤维素酶解发酵与热化学转化的有机整合的研究主线进行研究，目的是为具有独立知识产权的秸秆高值化技术提供科学基础，促进我国秸秆生态产业链的发展。但是，由于尚未建立比较完善的具有秸秆特性的转化过程理论和技术体系，在适用技术及其推广方面还不成熟。因此，必须改变现行的秸秆利用技术效率较低、经济效益差、投入产出不合算的状况。第二，政府要加大政策和资金支持的力度。这些年，我国各地政府在秸秆开发利用方面也采取了一些措施，取得了一些成效，但由于支持力度不够，财政补贴、税收减免等政策和措施没有跟上去，公共服务不到位，民间投资也不到位，使加工设备、基础处理设施配套不足的状况长期延续，秸秆综合利用严重滞后。第三，政府也必须同时加大宣传和服务工作的力度，充分调动广大农民的积极性，为秸秆综合利用做好各项准备工作。最后还要明确农民和农村集体组织在秸秆综合利用中的任务和责任，不仅要做好宣传，而且要做好相关的管理工作。我们相信，通过政府、企业、农村集体组织和农民的共同努力，建立起秸秆综合开发利用的长效机制，一定能够推动农村走出一条经济、社会和生态协调发展的新路子。

（二）我国秸秆产生量匡算

2008 年，国务院办公厅印发了《关于加快推进农作物秸秆综合利用的意见》；2011 年，国家发展改革委、农业部、财政部联合出台了《关于印发“十二五”农作物秸秆综合利用实施方案的通知》；2015 年，国家发展改革委、财政部、农业部、环境保护部又联合出台了《关于进一步加快推进农作物秸秆综合利用和禁烧工作的通知》，对农作物秸秆综合利用和禁烧等工作进行了具体部署。根据有关匡算系数及 2015 年主要农作物产量计算得到，2015 年中国农作物产生的秸秆量达到 10.50×10^{11} 千克，而农作物秸秆利用率仅为 69%，仍有 3.25×10^{11} 千克农作物秸秆没有得到有效利用。由此可以看出，相对于利用量而言，农作物秸秆过剩现象依然呈现出日益加重的态势。农作物秸秆在 20 世纪 70 年代左右，产量较少，多被用于生活燃料和饲料。但是，伴随着人们生活水平的逐步提高，以及农村劳动力的转移，能效消费结构也逐渐发生了变化。同时，农作物秸秆资源化利用成本较高、产业程度较低，加之近年来我国环境保护工作的高度监管，农作物秸秆出现剩余。农作物秸秆的资源化利用能够有效控制农业污染，对于改善农村生活环境，实现农业可持续发展具有重要作用。

本书采用农作物的年产量以及谷草比，两者的乘积即为该作物的秸秆产量。据此，将区域所有农作物种类的秸秆数量相加，即为区域农作物秸秆产生量，公式表达如下：

$$\mathrm{ACSTA}=\sum_{i=1}^{n}\mathrm{ACAY}_i\times\lambda_i \tag{2}$$

式中，ACSTA 代表区域农作物秸秆产生量，单位为万吨；ACAY_i 代表区域某一农作物的年产量，单位为万吨；i 代表农作物的种类，i=1，2，3，…，n；λ_i 代表区域第 i 种农作物秸秆的谷草比（见表 2–17）。

根据式（2），以及表 2–17 给定的主要农作物草谷比，报告测算了 2017 年我国不同农作物秸秆产生量。图 2–20 中的数据显示，2017 年，我国农作物秸秆产生匡算量为 98939.08 万吨。在不同类别的农作物秸秆产生量中，玉米、稻谷和小麦产生的秸秆量排在所有农作物的前三位，分别占农作物秸秆产生匡算总量的 45.16%、24.57% 和 18.15%，三者之和已占据秸秆产生总量的 87.88%。而花生和棉花所产生的秸秆量则位于末两位。

表 2-17 不同农区主要农作物草谷比

单位：千克

主要农区	省市区	水稻	小麦	玉米	豆类	薯类	棉花	花生	油菜
华北农区	北京、天津、河北、山西、内蒙古、山东、河南	0.93	1.34	1.73	1.57	1.00	3.99	1.22	/
东北农区	辽宁、吉林、黑龙江	0.97	0.93	1.86	1.70	0.71	/	/	/
长江中下游农区	上海、江苏、浙江、安徽、江西、湖北、湖南	1.28	1.38	2.05	1.68	1.16	3.32	1.50	2.05
西北农区	陕西、甘肃、青海、宁夏、新疆	/	1.23	1.52	1.07	1.22	3.67	/	/
西南农区	重庆、四川、贵州、云南、西藏	1.00	1.31	1.29	1.05	0.60	/	/	2.00
南方农区	福建、广东、广西、海南	1.06	1.38	1.32	1.08	1.41	/	1.65	/

数据来源：2015 年 12 月 9 日国家发展改革委办公厅和农业部办公厅发布《关于开展农作物秸秆综合利用规划终期评估的通知》。

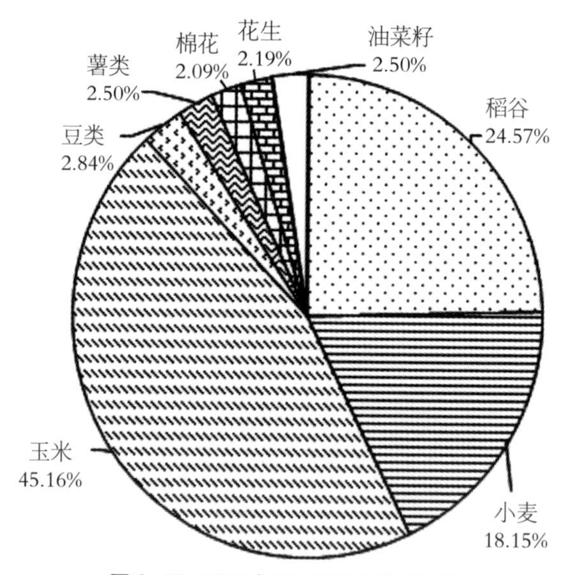

图 2-20 2017 年不同农作物秸秆匡算量

数据来源：作者测算后自绘。

分区域来看，由于不同省市农业生产功能不同，农作物秸秆产生量具有明显的差异性。图 2-21 中的数据反映了 2017 年我国不同农区农作物秸秆产生量，数据显示，华北农区、长江中下游农区和东北农区农作物秸秆产生量较大，分别占农作物秸秆产生量的 32.63%、24.71% 和 22.03%，三大农区秸秆产生量占全国秸秆产生量的 79.37%。在农区内部而言，华北农区玉米、小麦和花生的秸秆产生量较大，分别占 56.25%、34.02% 和 3.61%；东北农区玉米、稻谷和豆类的秸秆产生量较大，分别占 74.61%、17.47% 和 6.30%；长江中下游农区稻谷、小麦和玉米的秸秆产生量较大，分别占 56.88%、19.37% 和 12.79%；西北农区玉米、棉花和小麦的秸秆产生量较大，分别占 43.07%、22.53% 和 22.42%；西南农区玉米、稻谷和油菜籽的秸秆产生量较大，分别占 38.23%、32.53% 和 10.55%；南方农区稻谷、玉米和薯类的秸秆产生量较大，分别占 70.75%、11.52% 和 8.28%。

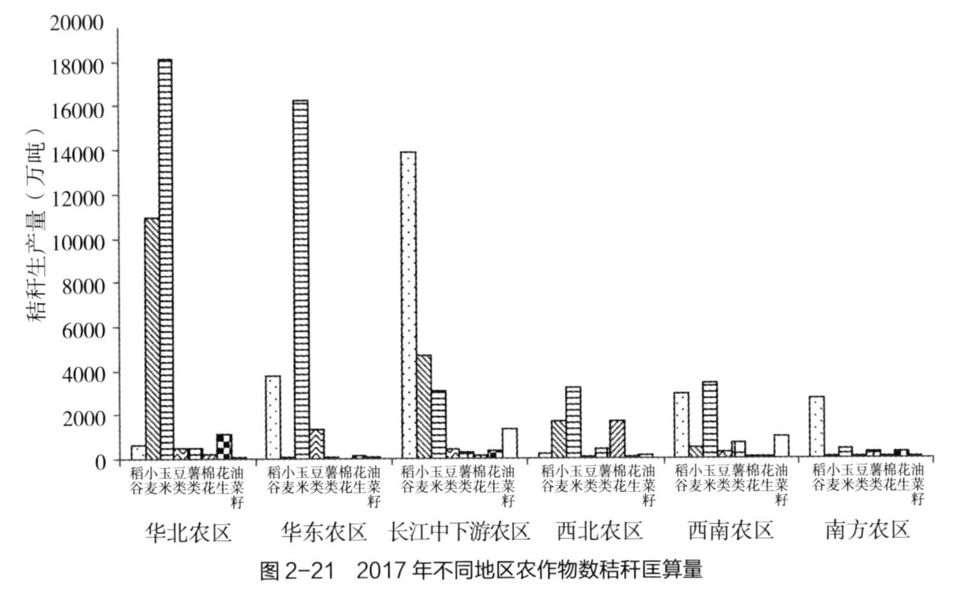

图 2-21　2017 年不同地区农作物数秸秆匡算量

数据来源：作者测算后自绘。

2017 年 1 月，农业部印发《“十三五”农业科技发展规划》明确规定，将秸秆等农业废弃物资源化利用列入重大科技任务。将集成创新一批技术先进、切实可行的资源化利用技术，使农作物秸秆综合利用率达到 85% 以上。目前，我国秸秆利用方式基本形成了肥料化利用为主，饲料化、燃料化稳步推进，基料化、原料化为辅的综合利用格局。

（三）秸秆利用技术

1. 秸秆肥料化利用技术

（1）秸秆直接还田技术。

①秸秆机械混埋还田技术。秸秆机械混埋还田技术就是用秸秆切碎机将摘穗后的玉米、小麦、水稻等农作物秸秆就地粉碎，均匀地抛撒在地表，随即采用旋耕设备耕翻入土，使秸秆与表层土壤充分混匀，并在土壤中分解腐烂，达到改善土壤的结构、增加有机质含量、促进农作物持续增产目的的一项简便易操作的适用技术。

②秸秆机械翻埋还田技术。秸秆机械翻埋还田技术就是用秸秆粉碎机将摘穗后的农作物秸秆就地粉碎，均匀抛撒在地表，随即翻耕入土，使之腐烂分解，有利于把秸秆的营养物质完全地保留在土壤里，增加土壤有机质含量、培肥地力、改良土壤结构，并减少病虫危害。

③秸秆覆盖还田技术。秸秆覆盖还田技术指在农作物收获前套播下茬作物，将秸秆粉碎或整秆直接均匀覆盖在地表，或在作物收获秸秆覆盖后，进行下茬作物免耕直播的技术，或将收获的秸秆覆盖到其他田块，从而起到调节地温、减少土壤水分的蒸发、抑制杂草生长、增加土壤有机质的作用，而且能够有效缓解茬口矛盾、节省劳力和能源、减少投入。覆盖还田一般分五种情况：一是套播作物，在前茬作物收获前将下茬作物撒播田间，作物收获时适当留高茬秸秆覆盖于地表；二是直播作物，在播种后、出苗前，将秸秆均匀铺盖于耕地土壤表面；三是移栽作物如油菜、红薯、瓜类等，先将秸秆覆盖于地表，然后移栽；四是夏播宽行作物如棉花等，最后一次中耕除草施肥后再覆盖秸秆；五是果树、茶桑等，将农作物秸秆取出，异地覆盖。

（2）秸秆腐熟还田技术。秸秆腐熟还田技术是通过接种外源有机物料腐解微生物菌剂（简称为腐熟剂），充分利用腐熟剂中大量木质纤维素降解菌，快速降解秸秆木质纤维物质，最终在适宜的营养、温度、湿度、通气量和 pH 条件下，将秸秆分解矿化成为简单的有机质、腐殖质以及矿物养分。它包括两种方法，一是在秸秆直接还田时接种有机物料腐解微生物菌剂，促进还田秸秆快速腐解；二是将秸秆堆积或堆沤在田头路旁，接种有机物料腐解微生物菌剂，待秸秆基本腐熟（腐烂）后再还田。

（3）秸秆生物反应堆技术。秸秆通过加入微生物菌种、催化剂和净化剂，在通氧（空气）的条件下被重新分解为二氧化碳、有机质、矿物质、非金属物质，并产生一定的热量和大量抗病虫的菌孢子，继而通过一定的农艺设施把这些生成物提供给农作物，使农作物更好地生长发育。

（4）秸秆有机肥生产技术。秸秆有机肥生产就是利用速腐剂中菌种制剂和各种酶类在一定湿度（秸秆持水量 65%）和一定温度（50℃～70℃）下剧烈活动，释放能量，一方面将秸秆的纤维素很快分解，另一方面形成大量菌体蛋白，为植物直接吸收或转化为腐殖质。通过创造微生物正常繁殖的良好环境条件，促进微生物代谢进程，加速有机物料分解，放出并聚集热量，提高物料温度，杀灭病原菌和寄生虫卵，获得优质的有机肥料。

2. 秸秆饲料化利用技术

（1）秸秆青（黄）贮技术。秸秆青贮就是在适宜的条件下，通过给有益菌（乳酸菌等厌氧菌）提供有利的环境，使嗜氧性微生物如腐败菌等在存留氧气被耗尽后，活动减弱及至停止，从而达到抑制和杀死多种微生物、保存饲料的目的。由于在青贮饲料中微生物发酵产生有用的代谢物，使青贮饲料带有芳香、酸、甜等的味道，能大大提高食草牲畜的适口性。

（2）秸秆碱化 / 氨化技术。氨化秸秆的作用机理有三个方面。一是碱化作用。可以使秸秆中的纤维素、半纤维素与木质素分离，并引起细胞壁膨胀，结构变得疏松，使反刍家畜瘤胃中的瘤胃液易于渗入，从而提高了秸秆的消化率。二是氨化作用。氨与秸秆中的有机物生成乙酸铵，这是一种非蛋白氮化合物，是反刍动物的瘤胃微生物的营养源，它能与有关元素一起进一步合成菌体蛋白质而被动物吸收，从而提高秸秆的营养价值和消化率。三是中和作用。氨能中和秸秆中潜在的酸度，为瘤胃微生物的生长繁殖创造良好的环境。

（3）秸秆压块（颗粒）饲料加工技术。秸秆压块饲料是指将各种农作物秸秆经机械铡切或揉搓粉碎之后，根据一定的饲料配方，与其他农副产品及饲料添加剂混合搭配，经过高温高压轧制而成的高密度块状饲料。秸秆压块饲料加工可将维生素、微量元素、非蛋白氮、添加剂等成分强化进颗粒饲料中，使饲料达到各种营养元素的平衡。

（4）秸秆揉搓丝化加工技术。秸秆经过切碎或粉碎后，便于牲畜咀嚼，有利于提高采食量，减少秸秆浪费。但秸秆粉碎之后，缩短了饲料（草）在牲畜瘤胃内的停留时间，引起纤维物质消化率降低和反刍现象减少，并导致瘤胃 pH 下降。

所以，秸秆的切碎和粉碎不但会影响分离率和利用率，而且对牲畜的生理机能也有一定影响。秸秆揉搓丝化加工不仅具备秸秆切碎和粉碎处理的所有优点，而且分离了纤维素、半纤维素与木质素，同时由于秸秆丝较长，能够延长其在瘤胃内的停留时间，有利于牲畜的消化吸收，从而达到既提高秸秆采食率，又提高秸秆转化率的双重功效。

（5）秸秆微贮技术。将经过机械加工的秸秆贮存在一定设施（水泥池、土窖、缸、塑料袋等）内，通过添加微生物菌剂进行微生物发酵处理，使秸秆变成带有酸、香、酒味，家畜喜食的粗饲料的技术称为秸秆微生物发酵贮存技术，简称秸秆微贮技术。根据贮存设施的不同，秸秆微贮的方法主要有水泥窖微贮法、土窖微贮法、塑料袋微贮法、压捆窖内微贮法。

3. 秸秆基料化利用技术

（1）秸秆基料食用菌种植技术。秸秆基料（基质）是指以秸秆为主要原料，加工或制备主要为动物、植物及微生物生长提供良好条件，同时也能为动物、植物及微生物生长提供一定营养的有机固体物料。麦秸、稻草等禾本科秸秆是栽培草腐生菌类的优良原料之一，可以作为草腐生菌的碳源，通过搭配牛粪、麦麸、豆饼或米糠等氮源，在适宜的环境条件下即可栽培出美味可口的双孢蘑菇和草菇等。

（2）秸秆植物栽培基质技术。秸秆植物栽培基质制备技术是以秸秆为主要原料，添加其他有机废弃物以调节 C/N 比，物理性状（如孔隙度、渗透性等），同时调节水分使混合后物料含水量在 60% ~ 70%，在通风、干燥、防雨的环境中进行有氧高温堆肥，使其腐殖化与稳定化。良好的无土栽培基质的理化性质应具有以下特点：首先，可满足种类较多的植物栽培，且满足植物各个时期的生长需求，有较轻的容重，操作方便，有利于基质的运输；其次，有较大的总孔隙度，吸水饱和后仍保持较大的通气孔隙度，可为根系提供足够的氧气，绝热性能良好，不会因夏季过热、冬季过冷而损伤植物根系；最后，吸水量大、持水力强，本身不带土传病虫害。

4. 秸秆燃料化利用技术

（1）秸秆固化成型技术。秸秆固体成型燃料就是利用木质素充当黏合剂将松散的秸秆等农林剩余物挤压成颗粒、块状和棒状等成型燃料，具有高效、洁净、点火容易、二氧化碳零排放、便于贮运和运输、易于实现产业化生产和规模应用等优点，是一种优质燃料，可为农村居民提供炊事、取暖用能，也可以作为农产品加工业（粮食烘干、蔬菜、烟叶等）、设施农业（温室）、养殖业等不同规模的区域供热燃料，另外也可以作为工业锅炉和电厂的燃料，替代煤等化石能源。

（2）秸秆热解气化技术。

①秸秆气化技术。该技术是以生物质为原料，以氧气（空气、富氧或纯氧）、水蒸气或氢气等作为汽化剂（或称气化介质），在高温条件下通过热化学反应将生物质中可燃的部分转化为可燃气的过程。生物质气化时产生的气体主要有效成分为 CO、H_2 和 CH_4 等，称为生物质燃气。

②秸秆干馏技术。该技术是将秸秆经烘干或晒干、粉碎，在干馏釜中隔绝空气加热，制取乙酸、甲醇、木焦油抗聚剂、木馏油和木炭等产品的方法，亦称秸秆炭汽油多联产技术。通过秸秆干馏生产的木炭可称为机制秸秆木炭或机制木炭。根据温度的不同，干馏可分为低温干馏（温度为 500℃ ~580℃）、中温干馏（温度为 660℃ ~750℃）和高温干馏（温度为 900℃ ~1100℃）。100 千克秸秆能够生产秸秆木炭 30 千克、秸秆醋液 50 千克、秸秆气体 18 千克。生物质的热裂解及气化还可产生生物炭，同时可获得生物油及混合气。

（3）秸秆沼气生产技术。

①户用秸秆沼气生产技术。沼气是由多种成分组成的混合气体，包括甲烷（CH_4）、二氧化碳（CO_2）和少量的硫化氢（H_2S）、氢气（H_2）、一氧化碳（CO）、氮气（N_2）等气体，一般情况下，甲烷占 50%~70%，二氧化碳占 30%~40%，其他气体含量极少。户用秸秆沼气生产技术是一种以现有农村户用沼气池为发酵载体，以农作物秸秆为主要发酵原料的厌氧发酵沼气生产技术。

②大中型秸秆沼气生产技术。大中型秸秆沼气生产技术是指以农作物秸秆（玉米秸秆、小麦秸秆、水稻秸秆等）为主要发酵原料，单个厌氧发酵装置容积在 300 立方米以上的沼气生产技术。

5. 秸秆原料化利用技术

（1）秸秆人造板材生产技术。秸秆人造板是以麦秸或稻秸等秸秆为原料，经切断、粉碎、干燥、分选、拌以异氰酸酯胶黏剂、铺装、预压、热压、后处理（包括冷却、裁边、养生等）和砂光、检测等各道工序制成的一种板材。我国秸秆人造板已成功开发出麦秸刨花板，稻草纤维板，玉米秸秆、棉秆、葵花秆碎料板，软质秸秆复合墙体材料，秸秆塑料复合材料等多种秸秆产品。

（2）秸秆复合材料生产技术。秸秆复合材料就是以可再生秸秆纤维为主要原料，配混一定比例的高分子聚合物基料（塑料原料），通过物理、化学和生物工程等高技术手段，经特殊工艺处理后，加工成型的一种可逆性循环利用的多用途新型材料。这里所指秸秆类材料包括麦秸、稻草、麻秆、糠壳、棉秸秆、葵花秆、甘蔗渣、大豆皮、花生壳等，均为低值甚至负值的生物质资源，经过筛选、粉碎、研磨等工艺处理后，即成为木质性的工业原料，所以秸秆复合材料也称为木塑复合材料。

（3）秸秆清洁制浆技术。

①有机溶剂制浆技术。有机溶剂法提取木质素就是充分利用有机溶剂（或和少量催化剂共同作用下）良好的溶解性和易挥发性，分离、水解或溶解植物中的木质素，使得木质素与纤维素充分、高效分离的生产技术。生产中得到的纤维素可以直接作为造纸的纸浆；而得到的制浆废液可以通过蒸馏法来回收有机溶剂，反复循环利用，整个过程形成一个封闭的循环系统，无废水或少量废水排放，能够真正从源头上防治制浆造纸废水对环境的污染；而且通过蒸馏，可以纯化木质素，得到的高纯度有机木质素是良好的化工原料，也为木质素资源的开发利用提供了一条新途径，避免了传统造纸工业对环境的严重污染和对资源的大量浪费。近年来有机溶剂制浆中研究较多的、发展前景良好的是有机醇和有机酸法制浆。

②生物制浆技术。生物制浆是利用微生物所具有的分解木素的能力来除去制浆原料中的木素，使植物组织与纤维彼此分离成纸浆的过程。生物制浆包括生物化学制浆和生物机械制浆。生物化学制浆是将生物催解剂与其他助剂配成一定比例的水溶液后，其中的酶开始产生活性，将麦草等草类纤维用此溶液浸泡后，溶液中的活性成分会很快渗透到纤维内部，对木素、果胶等非纤维成分进行降解，将纤维分离。

③ DMC 清洁制浆技术。在草料中加入 DMC 催化剂，使木质素状态发生改变，软化纤维，同时借助机械力的作用分离纤维；此过程中纤维素和半纤维素无破坏，几乎全部保留。DMC 催化剂（制浆过程中使用）主要成分是有机物和无机盐，其主要作用是软化纤维素和半纤维素，能够提高纤维的柔韧性，改性木质素（降低污染负荷）和分离出胶体和灰分。DMC 清洁制浆技术与传统技术工艺与设备比较具有“三不”和“四无”的特点。“三不”即不用愁“原料”（原料适用广

泛）；不用碱；不用高温高压。“四无”即无蒸煮设备；无碱回收设备；无污染物（水、汽、固）排放；无二次污染。

④秸秆块墙体日光温室构建技术。秸秆块墙体日光温室是一种利用压缩成型的秸秆块作为日光温室墙体材料的农业设施。秸秆块是以农作物秸秆为原料，经成型装备压缩捆扎而成，秸秆块墙体是以钢结构为支撑，秸秆块为填充材料，外表面安装防护结构，内表面粉刷蓄热材料（或不粉刷）而成的复合型结构墙体。秸秆块墙体既具有保温蓄热性，还有调控温室内空气湿度、补充温室内二氧化碳等功效。

⑤秸秆容器成型技术。秸秆容器成型技术就是利用粉碎后的小麦、水稻、玉米等农作物秸秆（或预处理）为主要原料，添加一定量的胶黏剂及其他助剂，在高速搅拌机中混合均匀，最后在秸秆容器成型机中压缩成型冷却固化的过程，形成不同形状或用途秸秆产品的技术。与塑料盆钵相当，秸秆盆钵强度远高于塑料盆钵，且具有良好的耐水性和韧性，产品环保性能达到国家室内装饰材料环保标准（E1 级）。秸秆盆钵一般可使用 2 ～ 3 年，使用期间不开裂，无霉变，废弃后数年内可完全降解，无有毒有害残留。陈旧秸秆盆钵加以回收，经破碎与堆肥处理，制成有机肥或花卉栽培基质，可以实现循环再利用。秸秆容器技术不仅拓宽了秸秆的利用途径，还有利于循环、生态和绿色农业的发展。

（四）农作物秸秆资源化利用中存在的问题

（1）对农作物秸秆资源化利用的功能缺乏正确认识。一是没有全面认识到农作物秸秆所蕴含的巨大资源价值。农作物秸秆是作物经过光合作用转化而成的有机物，积累了相应的能量；从土地生产率而言，秸秆也是农业生态系统的生物质产量，而且占据了很大的比例。二是没有认识到秸秆对农田生态系统物质与能量循环的作用。从农田生态系统角度来看，农作物秸秆回归土壤为分解者提供了丰富食物，保持了农田生态系统物质、能量的闭环循环，促进了土壤肥力维持、水土保持、环境安全等功能的发挥。

（2）对农作物秸秆焚烧带来的生态危害性缺乏系统的认识。一是农作物秸秆焚烧造成严重的大气污染。农作物秸秆焚烧产生的浓烟会造成严重的大气污染，加剧业已严重的雾霾程度。二是农作物秸秆焚烧影响农田土壤肥力。农作物秸秆焚烧将会使其所含的氮、硫等元素大部分转化为挥发性物质或颗粒而进入大气，导致土壤中营养元素的损失，从而导致土壤肥力的下降。三是农作物秸秆焚烧影响农田土壤墒情。有关实验结果表明，农作物秸秆焚烧使农田土壤水分损失 65% ~ 80%，因此，在北方干旱地区等一些区域将会导致土壤墒情的严重破坏。四是农作物秸秆焚烧破坏农田生态系统中的生物群落。有关研究表明，农作物秸秆焚烧会导致土壤中的细菌、放线菌和真菌数量分别较焚烧前减少了 85.95%、78.58% 和 87.28%，对农田生态系统中的生物群落造成严重影响，导致农田土壤的板结。

（3）对农作物秸秆焚烧带来的潜在社会危害性缺乏深刻的认识。一是农作物秸秆焚烧导致交通风险显著增加。农作物秸秆焚烧产生的浓烟会造成空气能见度的下降，有效可视范围降低，直接影响民航、铁路、高速公路的正常运营，导致交通事故发生的风险性显著增加。二是农作物秸秆焚烧危害居民身体健康。农作物秸秆在不完全燃烧情况下，将产生大量氮氧化物、二氧化硫、碳氢化合物及烟尘、氮氧化物和碳氢化合物，在阳光作用下还可能产生二次污染物臭氧等，导致大气中二氧化硫、二氧化氮、可吸入颗粒物 3 项污染指数快速达到高峰值。达到一定程度，将严重影响居民的身体健康。

（4）农作物秸秆资源化利用技术及其产品缺乏区域适宜性。一是农作物资源化综合利用技术的研究缺乏区域适宜性。以农作物秸秆还田为例，从生态学角度而言，农作物秸秆还田将成为改良土壤、提高耕地生产率、改善农产品质量、实现农业可持续发展的有效途径。中国地域广阔，气候条件差异性较大，需要区域性很强的适宜技术，但在技术研究中，对区域适宜性技术关注不足，从而导致了技术的可操作性差。二是农作物秸秆资源化利用技术产品的开发缺乏区域适宜性。当前，农作物秸秆还田的主要方式是机械粉碎，而缺乏有效的促进农作物秸秆腐化的生物菌，由此导致了寒冷地区农作物秸秆在短时期难以腐化，影响了农作物的播种，由此造成了农民对秸秆还田的认可度下降。

（五）农作物秸秆资源化利用的困境

在国家层面，农作物秸秆资源化利用已经成为国家行动，但总体上表现为政府"热"，而参与主体"冷"的特点，进一步推动农作物秸秆资源化利用还面临着政策、经济、技术、认知等层面的困境。

一是政策层面存在困境。为了实现农作物秸秆资源化利用，国家采取了生态补偿或者财政补贴等政策措施，取得了一定的成效，但与预期的目标还存在一定的差距。调研发现，国家对农作物秸秆资源化的财政补贴措施，补贴的农作物种类有限、金额有限、区域有限，关键是补贴的重点对象也不在农户，因此，国家推动农作物秸秆资源化利用的政策措施难以对农民形成有效的经济激励。

此外，在国家层面上还没有建立促使农作物秸秆资源化利用的生态补偿机制。首先，对农作物秸秆资源化利用本身没有进行生态补偿，在一定程度上也影响了农作物秸秆的资源化利用率。其次，生态补偿没有考虑到农作物秸秆资源化利用带来的生态效益的大小，补偿标准缺乏一定的科学性。事实上，目前还没有真正认识到农作物资源化利用的生态效应功能的发挥，因此，难以出台系统有效的生态补偿机制。

二是经济层面存在困境。从理论上讲，在没有外部干预的条件下，市场体系的自发形成需要两个充分必要条件，首先，市场上存在有效供给与有效需求，其次，交易费用低于需求价格与供给价格之差。从实践来看，农作物秸秆资源化利用的市场参与主体至少包括三个，即供给者（农作物秸秆的生产者，包括农户、农场主以及农业生产企业等）、需求者（农作物秸秆及其加工品或转化品的消费者，包括城市消费者、农户、农场主和农业生产企业等）、中间参与者（农作物秸秆的技术研发企业、流通业者等）。其中，供给者与需求者可以提供的有效供给规模和有效需求规模决定了农作物秸秆资源化利用的潜在市场饱和容量；而中间参与者，尤其是农业废弃物资源化利用的技术研发部门，则决定了交易费用的高低。要想实现农作物秸秆的有效利用，需要使参与主体都能够在此过程中获利，而不能是某个主体仅仅依靠政府的财政补贴来推行，这样才能够实现农作物秸秆资源化利用的持续发展。

三是技术层面存在困境。当前，农作物秸秆资源化利用的重点技术总体上来看是比较成熟的，特别是秸秆饲料化、肥料化、能源化利用，秸秆生物转化为食用菌，以及秸秆的其他加工技术。但是，经过基层调研发现，区域适宜性较强的农作物秸秆资源化利用技术及其产品普遍缺乏。从生态学角度而言，农作物秸秆还田可以提高土壤有机质含量，改善土壤的结构特性，进而实现提高耕地生产率，改善农产品质量的目的。可以说，农作物秸秆还田是实现农业可持续发展的有效途径之一。由于中国地域广阔，温度、水分、日照等气候因素差异较大，特别是气候因素差异较大的区域，在农作物秸秆资源化利用技术需求方面势必具有一定的差异。然而，现实中区域适宜性较强的技术及产品相对于需求而言严重不足。在广大农村地区，多采用机械粉碎方式实现农作物秸秆的直接还田，而对促进农作物秸秆腐化的生物菌等微生物措施利用严重不足。而机械粉碎直接还田，在一些高寒冷地区的适应性严重受限，由于农作物秸秆在短时期难以腐化，在一定程度上影响了农作物的播种以及种子的发芽率，对此农民的认可度有所下降，转而采取直接焚烧。

四是认知层面存在困境。当前，对农作物秸秆资源化利用多是政府层面在积极推动，而其他主体还没有参与进来，一个很重要的原因就是对农作物秸秆资源化利用缺乏全面的认识。突出表现在如下几个方面。首先，没有全面认识到农作物秸秆所蕴含的巨大资源价值。农作物秸秆是作物在生长过程中，经过光合作用转化而成的有机质，是具有较好利用前景的生物质能源；从土地生产率而言，秸秆也是农业生态系统的生物质产量，而且占据了很大的比例。其次，没有认识到秸秆对农田生态系统物质与能量循环的作用。从农田生态系统角度来看，农作物秸秆回归土壤为分解者提供了丰富食物，保持了农田生态系统物质、能量的闭环循环，促进了土壤肥力维持、水土保持、环境安全等功能的发挥。最后，对农作物秸秆焚烧带来的生态危害性缺乏系统的认识。有关实验研究结果表明，农作物秸秆焚烧使农田土壤水分损失 65% ~ 80%，特别是在北方干旱地区，将会导致土壤墒情的严重破坏。有关研究表明，农作物秸秆如果发生不完全燃烧，将产生大量的氮氧化物、二氧化硫、碳氢化合物及烟尘、氮氧化物和碳氢化合物等，对大气造成严重的污染，进而加剧业已严重的雾霾程度。

三、抗生素使用现状

（一）抗生素来源

自然界存在于土壤中的一些细菌本身可以合成抗生素，如链霉素等放线菌类，但是抗生素的环境本底值总体是非常微量的。目前，环境中抗生素主要来源于抗生素 T 业废水、医用抗生素和兽用抗生素等。其中以医用抗生素和兽用抗生素为主。医用抗生素是环境中抗生素的主要来源之一，包括医院和家庭使用的抗生素。患者排泄出的处方抗生素或是医院丢弃的医疗废物中残留的抗生素通过下水道进入污水排放系统，少部分直接渗入地下造成污染。兽用抗生素主要用于动物治疗疾病、预防疾病和促进动物的生长（亚治疗剂量），主要包括四环素类、磺胺类和喹诺酮类抗生素。兽药中的抗生素吸收率低，有 30% ~ 90% 的抗生素以原形通过排泄物排出。在中国，每年有超过 8000 吨的抗生素用于集约化管理的养殖业，这就意味着每年有 2400 ~ 7200 吨的抗生素通过牲畜和家禽排放到环境中。此外，水产养殖业也消耗大量的抗生素。据估计，美国每年用于治疗鲶鱼肠道败血病的抗生素达到 57153 ~ 114305 千克。

（二）我国滥用抗生素的危害

在现实生活中，抗生素被许多人当作包治百病的妙药，一遇到头痛发热或喉痒咳嗽，首先想到的就是使用抗生素，而对滥用抗生素产生耐药性的危害却知之甚少。按照目前的态势发展，新“超级细菌”还会陆续出现，10 ~ 20 年内，现在所有的抗生素对它们都将失去效力。面对如此严峻的形势，我们必须立即行动，加强监管，严格限制抗生素的销售和使用。世界卫生组织近日宣布，将 2011 年世界卫生日的主题确定为控制抗生素耐药性。中国是抗生素使用大国，也是抗生素生产大国，年产抗生素原料大约 21 万吨，出口 3 万吨，其余自用（包括医疗与农业使用），人均年消费量 138 克左右（美国仅 13 克）。据 2006—2007 年度卫生部全国细菌耐药监测结果显示，全国医院抗菌药物年使用率高达 74%，而世界上没有哪个国家如此大规模地使用抗生素，在美英等发达国家，医院的抗生素使用率仅为 22% ~ 25%。中国的妇产科长期以来都是抗生素滥用的重灾区，上海市长宁区中心医院妇产科多年的统计显示，目前青霉素的耐药性几乎达到 100%。而中国的住院患者中，抗生素的使用率则高达 70%，其中外科患者几乎人人都用抗生素，比例高达 97%。另据 1995—2007 年疾病分类调查，中国感染性疾病占全部疾病总发病数的 49%，其中细菌感染性占全部疾病的 18% ~ 21%，也就是说 80% 以上属于滥用抗生素，每年因抗生素滥用导致 800 亿元医疗费用增长，同时致使 8 万病人因不良反应死亡，高耐药性的细菌的不断涌现，使普通人面临着越来越大的危险。这些数字使中国成为世界上滥用抗生素问题最严重的国家之一。

世界卫生组织（WHO）一项最新调查结果显示，有 61% 的中国受访者认为抗生素可治疗流感。“由于医生和患者双方过度或不当使用抗生素，使全球

（包括中国）都面临着抗生素耐药这个沉重的健康问题。”世界卫生组织驻华代表施贺德博士表示：“抗生素耐药影响着我们所有人。它意味着从前可以简单治愈的感染，将越来越难治疗；而且，像剖宫产和阑尾切除这样的常见手术都因可能出现无药可治的感染而危及生命。”来自 WHO 的资料显示，如果不采取任何措施遏制抗生素耐药性的不断增加，预计到 2050 年，中国每年会为此损失上百万人的生命；还可能导致全球每年上千万人死亡，将冲刷掉高达 3.5% 的全球 GDP。

（三）使用抗生素存在的误区

误区 1：抗生素就是消炎药。抗菌药指治疗细菌、支原体、衣原体等病原微生物引起感染性疾病的药物，也称为抗生素，如各种青霉素、头孢菌素等。由于很多感染表现为红、肿、热、痛等炎症症状，因此有人将可治疗细菌感染的抗菌药称为消炎药。而实际上，消炎药和抗菌药是两类药。抗菌药不直接对炎症发挥作用，而是通过杀灭引起炎症的细菌、真菌等起效。消炎药直接作用于炎症，临床所说消炎药指消炎止痛药，如布洛芬等。此外，人体存在大量正常菌群，若用抗菌药物治疗无菌性炎症，会抑制和杀灭它们，造成菌群失调，引起腹泻等不良反应。另外，日常生活中出现的局部软组织瘀血、红肿、疼痛，过敏引起风湿性关节炎等，都不宜用抗菌药治疗。

误区 2：抗生素越“高级”越好。不少患者觉得抗生素越“高级”越好，其实是一种误区。每种抗生素都有自身的特性和优势劣势。所谓“高级”，一般是针对抗生素新旧和价格而言，并非指对某种感染更有效。需要因病、因人选用抗生素，对症下药。如老牌药红霉素，价格便宜，对支原体感染引起的肺炎有较好疗效，而价格较高的三代头孢菌素对这类病无效。盲目用“更高级”的抗生素，易引起耐药，可能在今后出现较严重的细菌感染时无药可用。

误区 3：吃抗生素可预防感染。很多人腹泻、手上出现小伤口时，会自行服用抗生素预防感染。实际上，抗生素预防感染只能在特定情况下使用，有严格的适应症，如做结肠和直肠手术前可使用等。若在没有感染性疾病的情况下动不动就使用抗生素来预防，反而会引起细菌耐药和体内菌群紊乱，增大感染风险。此外，出现轻微感染如皮肤表面的小疖肿等，只要身体健康，抵抗力正常，均能自行痊愈，也无须使用抗生素。

误区 4：一种抗生素不行马上换另一种。某些情况下，抗生素可能需要坚持服用一段时间才会起效。如果疗效不明显，应先考虑用药时间是否足够。此外，抗生素效果还受患者免疫功能状态等因素影响，患者只要遵医嘱加以调整，一般都能提高疗效。反之，患者自行要求频繁更换药物，会造成用药混乱，引发不良反应，更容易使细菌对多种药物耐药。

误区 5：抗生素种类越多越有效。有人认为同时多用几种抗生素，可防止细菌漏网。其实这样不仅不能增加疗效，反而容易产生不良反应或造成细菌耐药。有研究证明，同时使用药物种类越多，出现不良反应概率就越大。因此，患者应严格遵循医嘱用药，不要自行增加使用抗生素种类。

误区 6：抗生素一有效就停药。一般用抗生素，医生会开相应疗程的用量。很多人发现，有时服用两三天，症状就明显减轻甚至消失，这时可能认为感染已经好了，可减量或停用抗生素。实际上，治疗不同感染、细菌类型，所用抗生素种类和疗程都可能不一样。如一般情况，治疗肺炎支原体、衣原体感染等，疗程通常为 10~14 天；治疗军团菌感染，疗程常为 10~21 天。感染症状减轻时，细菌一般尚未彻底清除，此时不能随意停药。因为这会使细菌消灭不完全，不但治不好病，即便已经好转的病情也可因残余细菌而复发，同时如此反复，相当于增加了细菌对药物的适应时间，会使细菌对这种药物产生耐药性。因此，患者遵医嘱服抗生素时，一定要吃够疗程。

误区 7：口服抗生素没有输液效果好。许多人通常觉得口服药物没有输液效果好。汪复教授指出，对于一般感染患者，如果所用的抗菌药物口服吸收良好，同时患者可以口服给药，无严重恶心、呕吐等症状时，口服药物可以达到很好的药效。但对病情较为严重或因高热产生恶心、呕吐等胃肠道症状明显无法口服的患者，需采用注射给药。

误区 8：广谱抗生素比窄谱的好。抗菌药物有窄谱和广谱之分，但并没有优劣之分。医生在没有明确是何种病原微生物所致的感染时会采用广谱抗菌药，但如果已确定引起感染的病原微生物，就应采用与之有效的窄谱抗菌药。

误区 9：抗生素使用千人一面。汪复教授强调，不同年龄的人群对抗生素的使用也不同。就新生儿来说，医生会根据日龄来调整给药剂量和每日给药次数。新生儿不宜采用可能引起较多不良反应的药物，如氯霉素、四环素、庆大霉素等。哺乳期和妊娠期的感染患者必须谨慎用药，避免使用对婴儿和胎儿可能产生不良反应的药物。哺乳期妇女不宜使用抗菌药物，如果必须使用，用药期间须暂停哺乳。人体 50 岁之后肾脏功能会逐步减退，因此老年人用药剂量应相对减少，特别是那些本身就具有一定肾毒性的抗生素，如庆大霉素、链霉素等抗菌药物的剂量须根据老年人的肾功能做出适当调整。

第四节 人居环境系统发展现状

本书界定的人居环境系统主要是城乡发展之间的关系。主要表现在农村地区的生活污水处理和垃圾废弃物等的处理，城镇地区的污水处理等相关问题。

一、生活污水处理现状

中国人口众多，生活污水排放量大。特别是广大农村地区，普遍缺乏生活污水处理设施，生活污水绝大多数都直接排放，一方面给农村的环境质量和卫生状况造成一定的影响，另一方面，生活污水直接排放进入周边水体，会造成水体的富营养化。此外，随意排放的生活污水还会下渗到地下，对地下水水源造成一定的影响，特别是以地下水作为饮水水源的地区，使农村饮水安全受到威胁。

（一）城市污水处理情况

根据《2015 年城乡建设统计公报》提供的数据，2015 年年末，中国城市共有污水处理厂 1943 座，污水厂日处理能力 14028 万立方米。城市年污水处理总量 428.8 亿立方米，城市污水处理率 91.90%，其中污水处理厂集中处理率 87.97%[①]。

1991—2015 年，中国城市污水处理率呈现出明显增加的态势，见图 2–22。污水处理率从 14.86% 增加到 91.90%，增加了 77.04 个百分点。期间也表现出两个阶

① 截至 2016 年 8 月 1 日，国家公开数据只有《2015 年城乡建设统计公报》（公布时间为 2016 年 7 月 14 日），而分省、市相关数据来源的《2015 年中国城市建设统计年鉴》尚未公开，为保证本书时效性，下文所有涉及此类问题的，国家层面采用最新颁布的《2015 年城乡建设统计公报》数据，而县、省（市、区）城市污水处理率和县城生活垃圾处理率均采用《2014 年中国城市建设统计年鉴》，特此说明。

段性特征。一是 1991—1993 年连续 2 年增加之后，到 1994 年有个陡减，从 1993 年的 20.02% 下降到 1994 年的 17.10%，甚至低于 1992 年的 17.29%。二是 1994 年之后，城市污水处理率呈现出持续增长态势。

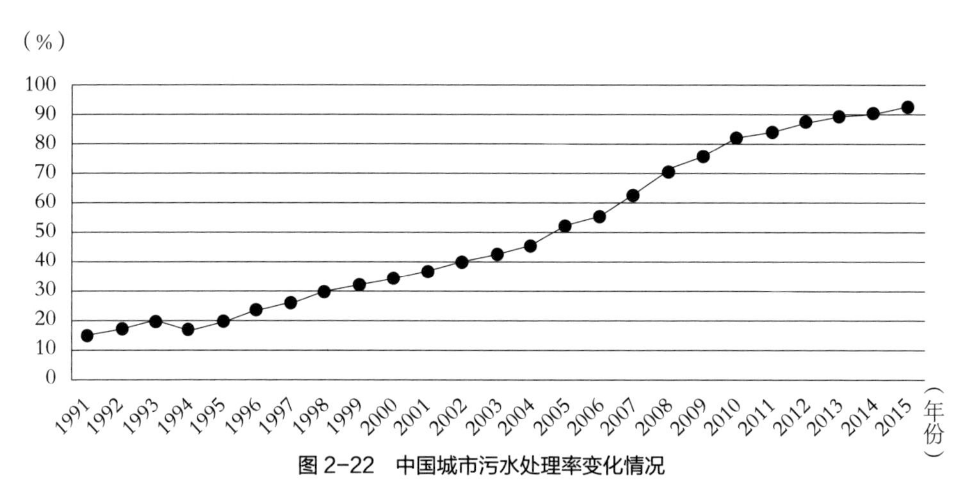

图 2-22　中国城市污水处理率变化情况

数据来源：《2015 年城乡建设统计公报》。

不同省（市、区）城市污水处理率具有明显的差异性，有 17 个省（市、区）城市污水处理率低于 90.18% 的中国平均水平，而且东部地区有 5 个省（市），包括北京、上海两个直辖市在内，其中最低的是西藏自治区，城市污水处理率仅为 16.07%；其余 14 个省（市、区）城市污水处理率高于 90.18% 的中国平均水平，其中最高的安徽，城市污水处理率是 96.12%。2014 年，各省（市、区）污水处理率之间的比较见图 2-23。

（二）县城污水处理情况

《2015 年城乡建设统计公报》数据显示，截至 2015 年年底，中国县城共有污水处理厂 1599 座，污水厂日处理能力达到 2999 万立方米。县城全年污水处理总量 78.9 亿立方米，污水处理率为 85.22%，其中污水处理厂集中处理率达到 83.46%。

从县城污水排放量变化趋势来看，从 2010 年的 72.02 亿立方米增加到 2014 年的 90.49 亿立方米，增加了 18.47 亿立方米，增长 25.65%；同期，污水年处理总量也从 43.30 亿立方米增加到 74.30 亿立方米，增加了 31.00 亿立方米，增长

71.59%；污水处理率则从 60.12% 增加到 82.11%，增长 21.99 个百分点。比较县城污水排放量增长率与污水处理率的提高可以看出，中国污水处理率的提高还难以满足生活污水排放量的增长，县城污水处理的任务依然艰巨，特别是随着城镇化的快速推进，一大批返乡农民工、农村居民等进入县城，城市生活污水的排放量将会进一步地增加。表 2-18 是 2000 年以来中国县城污水年排放量、污水处理设施、污水处理量、处理率变化情况。

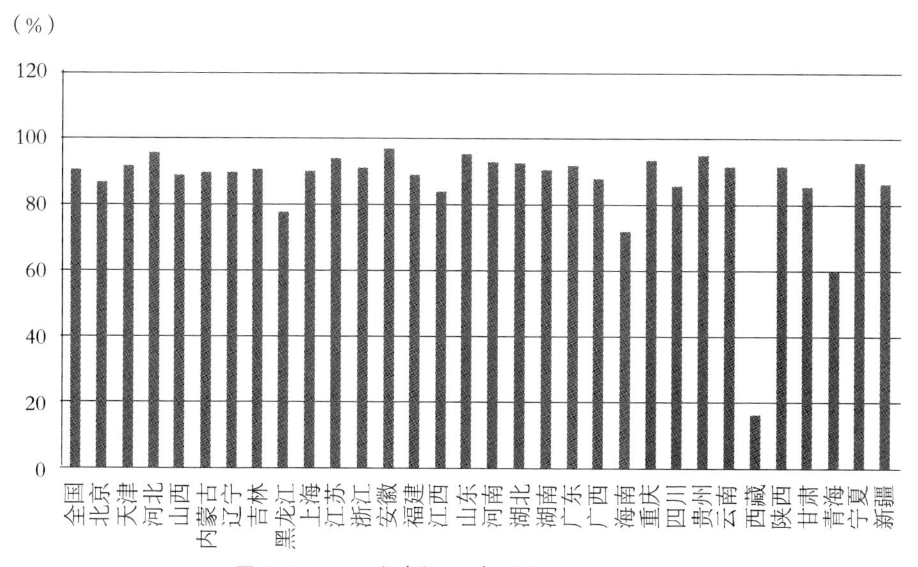

图 2-23 不同省（市、区）城市污水处理率比较

数据来源：《2014 年中国城市建设统计年鉴》。

表 2-18 中国县城污水处理及变化情况

年份	污水年排放量（亿立方米）	污水处理厂		污水年处理总量（亿立方米）	污水处理率（%）
		座数（座）	处理能力（万米^3/日）		
2000	43.20	54	55	3.26	7.55
2001	40.14	54	455	3.31	8.24
2002	43.58	97	310	3.18	11.02
2003	41.87	93	426	4.14	9.88
2004	46.33	117	273	5.20	11.23
2005	47.40	158	357	6.75	14.23

续表

年份	污水年排放量（亿立方米）	污水处理厂		污水年处理总量（亿立方米）	污水处理率（%）
		座数（座）	处理能力（万米^3/日）		
2006	54.63	204	496	6.00	13.63
2007	60.10	322	725	14.10	23.38
2008	62.29	427	961	19.70	31.58
2009	65.70	664	1412	27.36	41.64
2010	72.02	1052	2040	43.30	60.12
2011	79.52	1303	2409	55.99	70.41
2012	85.28	1416	2623	62.18	75.24
2013	88.09	1504	2691	69.13	78.47
2014	90.49	1554	2881	74.30	82.11

资料来源：《中国城乡建设统计年鉴 2014》。

从表 2-18 可以看出，2000 年以来，中国县城污水处理率呈现出明显的递增态势，从 7.55% 增加到 82.11%，增长了 74.56 个百分点，年均增长 5.33 个百分点，见图 2-24。

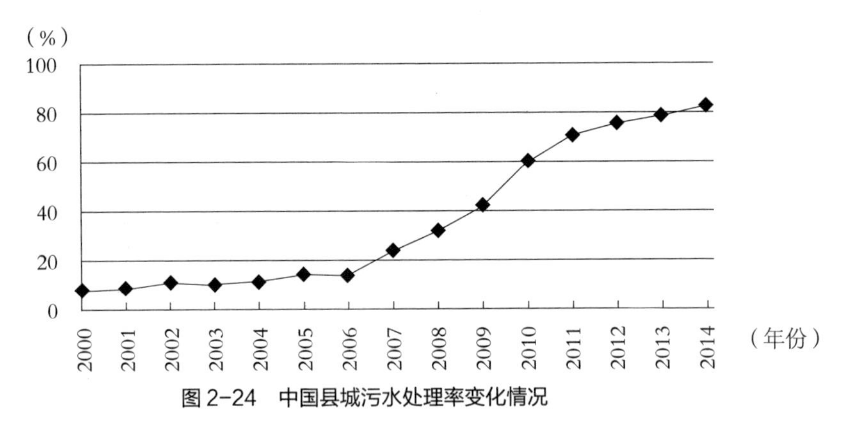

图 2-24　中国县城污水处理率变化情况

资料来源：《中国城乡建设统计年鉴 2014》。

（三）城镇生活污水处理情况

1. 总体情况

2014 年，中国建制镇总数为 17653 个，其中 3821 个建制镇对生活污水进行了处理，占建制镇总数的比例为 21.7%。在污水处理设施方面，污水处理厂 2961 个，处理能力为 1338.71 万米³/ 日；污水处理装置 8667 个，处理能力为 1006.34 万米³/ 日。

2. 不同区域建制镇污水处理设施及能力情况

表 2-19 是 2014 年不同区域建制镇污水处理设施及能力情况。从不同区域在中国的占比来看，东部地区对生活污水进行处理的建制镇个数占中国建制镇总数的 65.6%，中部地区、西部地区相应数据分别为 8.8%、25.6%；相应地，污水处理厂、污水处理装置等设施个数、处理能力等指标所占比例也表现出相同的特征。

表 2-19　2014 年不同区域建制镇污水处理设施及能力情况

地区	生活污水进行处理的建制镇		污水处理厂		污水处理装置	
	个数［个（%）］	比例（%）	个数［个（%）］	处理能力（万米³/ 日）	个数［个（%）］	处理能力（万米³/ 日）
全国	3821	21.6	2961	1338.7	8667	1006.3
东部地区	2508（65.6）	42.3	1744（84.1）	1126.1（64.4）	5584（75.6）	760.4（33.6）
中部地区	336（8.8）	6.10	223（6.2）	82.8（11.7）	1015（10.5）	106.0（31.1）
西部地区	977（25.6）	15.7	994（9.7）	129.8（23.8）	2067（13.9）	140.0（35.3）

资料来源：根据《中国城乡建设统计年鉴 2014》整理得到。
注：表中数不含黑龙江、西藏两省区。括号中的数据是不同区域占中国的比例。

从区域之间的差异来看，东部地区对生活污水进行处理的建制镇占本区域建制镇总数的比例为 21.76%，远远高于 6.12% 的中国平均水平，以及中部地区的 1.65%、西部地区的 4.16%。

3. 不同省（市、区）建制镇污水处理情况

由于不同省（市、区）自然气候条件、经济条件、人文条件、居民用水理念等具有明显的差异性，因此，在污水处理设施等方面也存在明显的区别。前面已经提到，2014 年，中国对生活污水进行处理的建制镇占全部建制镇的比例为 21.7%，将每个省（市、区）的相应比例与中国平均水平进行对比分析，并分为两类，一类是低于中国平均比例，一类是高于中国平均比例，结果见表 2-20。

表 2–20　2014 年不同省（市、区）建制镇污水处理情况

平均水平	东部地区（11）	中部地区（7）	西部地区（11）
低于中国平均比例（20）	海南、河北、辽宁 广东、天津	吉林、山西、河南、江西 湖南、安徽、湖北	广西、青海、甘肃、陕西 云南、新疆、贵州、内蒙古
高于中国平均比例（9）	北京、福建、山东 江苏、上海、浙江		四川、宁夏、重庆

资料来源：根据《中国城乡建设统计年鉴 2014》整理得到。
注：表中数不含黑龙江、西藏两省区。括号中的数据是不同区域占中国的比例。

29 个省（市、区）中，对生活污水进行处理的建制镇占本省（市、区）建制镇总数比例低于中国平均水平的有 20 个省（市、区），其中，东部地区 5 个省（市），中部地区 7 个省，西部地区 1 个省（区）；高于中国平均水平的有 9 个省（市、区），其中，东部地区 6 个省（市），西部地区 3 个省（市、区）。

在 20 个低于中国平均水平的省（市、区）中，比例最低的是广西，仅为 1.2%，其次是吉林、内蒙古，分别为 1.8%、2.8%；在高于中国平均水平的 9 个省（市、区）中，比例最高的是浙江，达到了 97.1%，这与浙江省实施的“五水共治”工程具有极大关系。其次是上海、江苏，分别为 92.2%、82.8%。

（四）乡生活污水处理情况

1. 总体情况

2014 年，中国共有 11871 个乡，乡建成区用水普及率达到 69.26%，人均日生活用水量为 83.08 升。其中，有 726 个乡对生活污水进行了处理，占全部乡个数的比例为 6.12%。在污水处理设施方面，污水处理厂 389 个，处理能力为 28.69 万米^3/ 日，平均每个乡拥有 0.54 个污水处理厂；污水处理装置 1225 个，处理能力为 25.48 万米^3/ 日，平均每个乡拥有 1.69 个污水处理装置。

2. 不同区域乡污水处理设施及能力情况

从不同区域在中国的占比来看，东部地区对生活污水进行处理的乡个数占中国乡总数的 56.3%，中部地区、西部地区相应数据分别为 9.0%、34.7%；相应地，污水处理厂、污水处理装置等设施个数、处理能力等指标所占比例也表现出相同的特征（见表 2–21）。

表 2-21　2014 年不同区域的乡污水处理设施情况

地区	生活污水进行处理的建制镇		污水处理厂		污水处理装置	
	个数［个（%）］	比例（%）	个数［个（%）］	处理能力（万米³/日）	个数［个（%）］	处理能力（万米³/日）
全国	726	6.12	389	28.69	1225	25.48
东部地区	409（56.3）	21.76	139（35.7）	15.99（55.7）	616（50.3）	6.69（26.3）
中部地区	65（9.0）	1.65	43（11.1）	3.62（12.6）	133（10.9）	6.44（25.3）
西部地区	252（34.7）	4.16	207（53.2）	9.08（31.6）	476（38.9）	12.35（48.5）

资料来源：根据《中国城乡建设统计年鉴 2014》整理得到。
注：表中数不含黑龙江、青海、西藏 3 省区。括号中的数据是不同区域占中国的比例。

从区域之间的差异来看，东部地区对生活污水进行处理的乡占本区域乡总数的比例为 21.76%，远远高于 6.12% 的中国平均水平，以及中部地区的 1.65%、西部地区的 4.16%。

3. 不同省（市、区）乡污水处理情况

2014 年，中国对生活污水进行处理的乡占全部乡的比例为 6.12%，每个省（市、区）的相应比例与中国平均水平进行对比分析，并分为两类，一类是低于中国平均比例，一类是高于中国平均比例，结果见表 2-22。

表 2-22　2014 年不同省（市、区）乡污水处理情况

平均水平	东部地区（9）	中部地区（6）	西部地区（10）
低于中国平均比例（15）	河北、辽宁	山西、江西、湖南、河南、安徽	广西、内蒙古、云南、甘肃、陕西、新疆、四川、贵州
高于中国平均比例（10）	广东、山东、福建、北京、江苏、浙江、上海	湖北	宁夏、重庆

资料来源：根据《中国城乡建设统计年鉴 2014》整理得到。

在 25 个省（市、区）中，对生活污水进行处理的乡占本省（市、区）乡总数比例低于中国平均水平的有 15 个省（市、区），其中，东部地区 2 个省（市），中部地区 5 个省，西部地区 8 个省（区）；高于中国平均水平的有 10 个省（市、区），其中，东部地区 7 个省（市），中部地区 1 个省，西部地区 2 个区（市）。

在 15 个对生活污水进行处理的乡占本省（市、区）乡总数比例低于中国平均水平的省（市、区）中，最低的是广西，该比例仅为 0.55%；该比例低于 1% 的还有山西、江西、内蒙古，分别为 0.64%、0.87%、0.88%；在 10 个对生活污水进行处理的乡占本省（市、区）乡总数比例高于中国平均水平的省（市、区）中，比例最高的是上海，全部乡都实现了生活污水处理，其次是浙江、江苏，该比例分别为 90.42%、42.86%。

（五）村庄生活污水处理情况

1. 总体情况

2014 年，中国共有行政村 54.67 万个，其中，集中供水的行政村 34.15 万个，占行政村总数的比例为 62.47%；村内自建集中供水设施的行政村 6.11 万个，占行政村总数的比例为 11.18%；年生活用水量 129.29 亿立方米，用水人口 48687.31 万人，供水普及率 61.55%，人均日生活用水量 72.75 升，远远高于水利部、卫生部 2004 年年底制定的《农村饮用水安全卫生评估指标体系》中规定的安全水量指标（每人每天不低于 40 ～ 60 升为安全，不低于 20 ～ 40 升为基本安全）。在全部行政村中，对生活污水进行处理的行政村有 5.46 万个，占行政村总数的 9.99%。

从村庄生活污水处理率的动态变化来看，也呈现出增加的态势，从 2008 年的 3% 逐步增加到 2012 年的 8%，增加了 5 个百分点。

2. 不同区域村庄污水处理情况

从不同区域在中国的占比来看，东部地区、中部地区及西部地区行政村个数占中国行政村总数的比例分别为 36.04%、33.80%、30.16%，这些数据表明，东、中、西部行政村总数没有太大的差异，只是东部地区稍高一点，基本上是各占三分之一，没有太大的差异。但对生活污水进行处理的行政村数占中国行政村总数的比例则呈现出明显的差异性，东部地区为 67.23%，中部地区、西部地区相应数据分别为 15.47%、17.30%（见表 2-23）。

从区域之间的差异来看，东部地区对生活污水进行处理的行政村个数占本区域行政村总数的比例为 18.62%，远远高于 9.99% 的中国平均水平，以及中部地区的 4.57%、西部地区的 5.73%。

表 2–23　2014 年不同区域对生活污水进行处理的行政村及所占比例

地区	行政村总数（万个）	生活污水进行处理的行政村（万个）	比例（%）
全国	54.67	5.46	9.99
东部地区	19.70（36.04）	3.67（67.23）	18.62
中部地区	18.48（33.80）	0.84（15.47）	4.57
西部地区	16.49（30.16）	0.94（17.30）	5.73

资料来源：根据《中国城乡建设统计年鉴 2014》整理得到。
注：表中数不含西藏自治区；括号中的数据是不同区域占中国的比例。

3. 不同省（市、区）村庄污水处理情况

2014 年，中国对生活污水进行处理的行政村占行政村总数的比例为 9.99%，将每个省（市、区）的相应比例与中国平均水平进行对比分析，并分为两类，一类是低于中国平均比例，一类是高于中国平均比例，结果见表 2–24。

30 个省（市、区）中，对生活污水进行处理的行政村占本省（市、区）行政村的比例低于中国平均水平的有 21 个省（市、区），其中，东部地区 3 个省（市），中部地区 8 个省，西部地区 10 个省（区）；高于中国平均水平的有 9 个省（市），其中，东部地区 8 个省（市），西部地区 1 个省（市）。

在 21 个对生活污水进行处理的行政村占本省（市、区）行政村总数比例低于中国平均水平的省（市、区）中，最低的是黑龙江，该比例仅为 0.40%；其次分别是甘肃、青海，分别为 1.03%、1.23%；在 9 个对生活污水进行处理的行政村占本省（市、区）行政村总数比例高于中国平均水平的省（市、区）中，比例最高的是浙江，为 54.59%；其次是上海、江苏，分别为 53.00%、27.32%。

表 2–24　2014 年不同省（市、区）行政村污水处理情况

平均水平	东部地区	中部地区	西部地区
低于中国平均比例（21）	河北、辽宁、海南	黑龙江、河南、吉林、山西、湖南、安徽、江西、湖北	甘肃、青海、内蒙古、陕西、新疆、贵州、广西、云南、宁夏、四川
高于中国平均比例（9）	福建、广东、天津、山东、北京、江苏、上海、浙江		重庆

资料来源：根据《中国城乡建设统计年鉴 2014》整理得到。

二、生活垃圾处理现状

（一）城市生活垃圾处理情况

2015年，中国城市共有生活垃圾无害化处理场（厂）890座，日处理能力达到57.7万吨，处理量为1.80亿吨，城市生活垃圾无害化处理率达到94.10%。2006年以来，城市生活垃圾无害化处理率变化情况见图2-25。从中可以看出，中国城市生活垃圾无害化处理率自2006年以来，呈现出明显的递增态势，从53.05%提高到94.10%，增加了41.05个百分点。

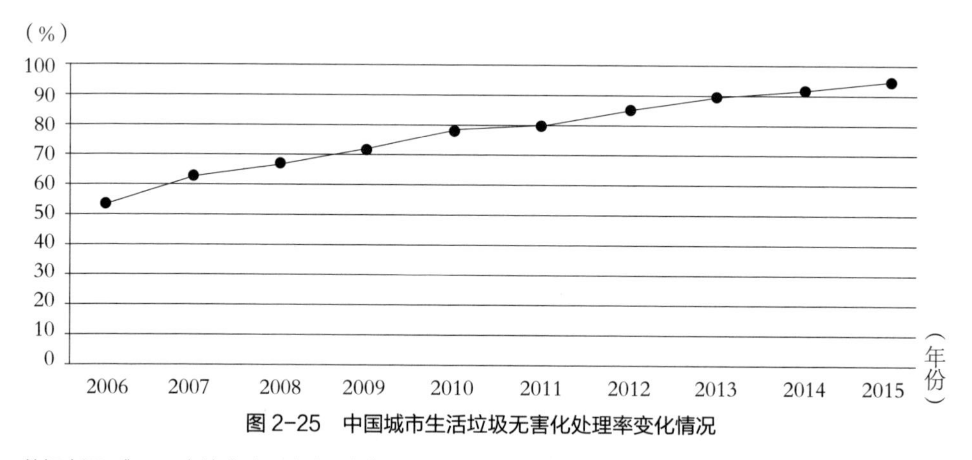

图2-25　中国城市生活垃圾无害化处理率变化情况

数据来源：《2015年城乡建设统计公报》。

2010—2015年，城市生活垃圾处理结构见图2-26。表2-25是2000—2014年城市生活垃圾清运量、无害化处理场（厂）座数、无害化处理能力以及无害化处理量。从中可以看出，中国城市生活垃圾无害化处理设施的增加，提升了城市生活垃圾无害化处理的能力，从而使城市生活垃圾的无害化处理量逐年在增加，为广大城市居民提供了良好的生活环境，进而提升了广大城市居民的生活品质。

（二）县城生活垃圾处理情况

1. 总体情况

2015年，中国县城共有生活垃圾无害化处理场（厂）11878座，日处理能力达到18.1万吨，处理量为0.53亿吨，无害化处理率达到79.04%。2010—2015年，

县城生活垃圾处理结构见图 2-27。

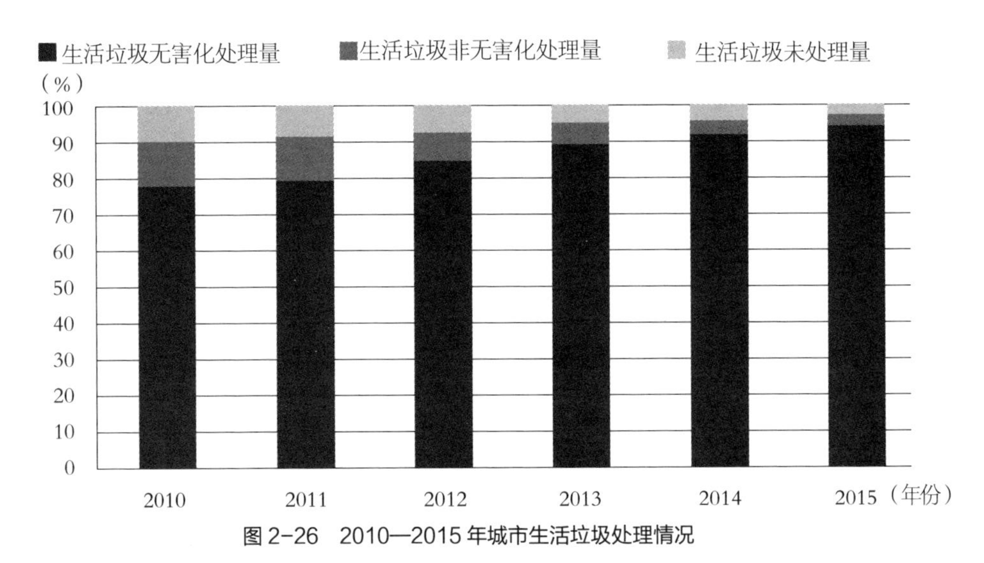

图 2-26　2010—2015 年城市生活垃圾处理情况

资料来源：《2015 年城乡建设统计公报》。

表 2-25　中国历年城市活垃圾处理设施情况

年份	清运量（万吨）	无害化处理场（厂）座数（座）	无害化处理能力（万吨 / 日）	无害化处理量（万吨 / 日）
2000	11819	660	21.02	7255
2001	13470	741	22.47	7840
2002	13650	651	21.55	7404
2003	14857	575	21.96	7545
2004	15509	559	23.85	8089
2005	15577	471	25.63	8051
2006	14841	419	25.80	7873
2007	15215	458	27.93	9438
2008	15438	509	31.52	10307
2009	15734	567	35.61	11220
2010	15805	628	38.76	12318
2011	16395	677	40.91	13090
2012	17081	702	44.63	14490
2013	17239	765	49.23	15394
2014	17860	818	53.35	16394

资料来源：《中国城乡建设统计年鉴 2014》。

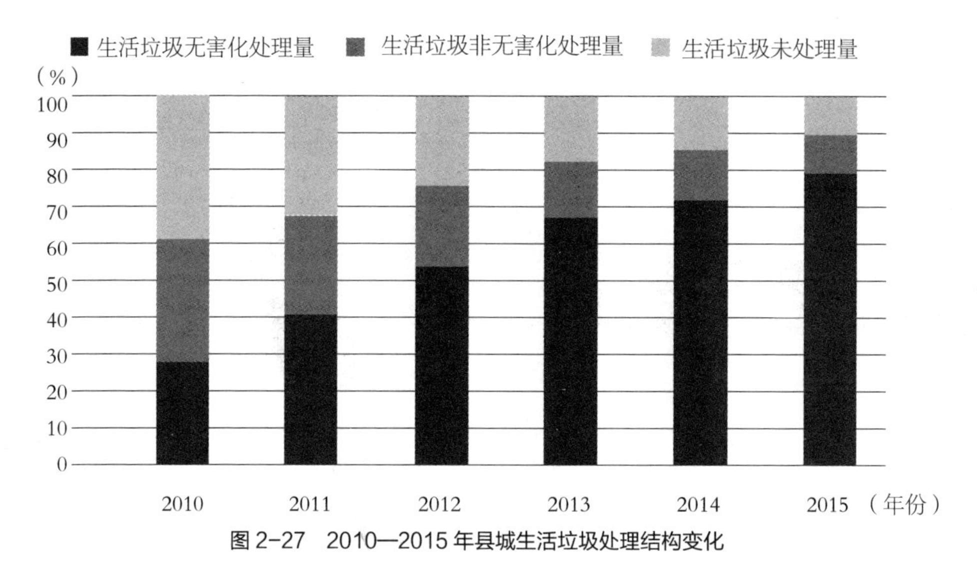

图 2-27　2010—2015 年县城生活垃圾处理结构变化

数据来源：《2015 年城乡建设统计公报》。

2. 不同区域县城垃圾处理率比较

不同区域县城生活垃圾处理率也存在明显的差异，见图 2-28。由此可以看出，东部地区县城垃圾处理率为 91.63%，远远高于中国县城垃圾处理率的平均水平。但东部地区、西部地区县城垃圾处理率均低于中国平均水平，特别是中部地区，县城垃圾处理率为 77.38%，比中国平均水平低 8.28 个百分点。

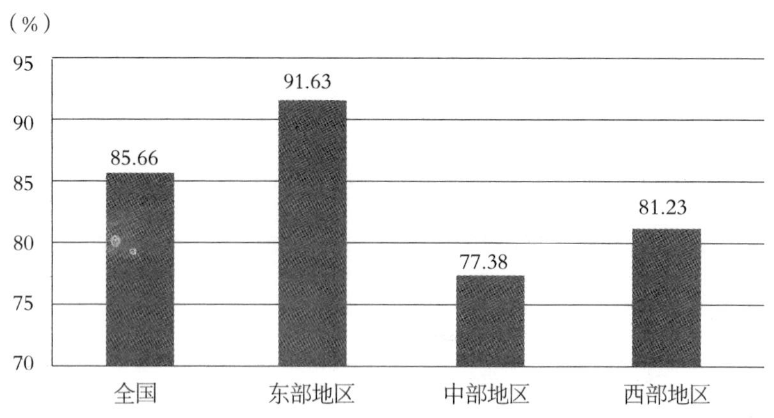

图 2-28　2014 年不同区域县城生活垃圾处理率对比

数据来源：《2014 年中国城市建设统计年鉴》。

3. 不同省（市、区）县城垃圾处理率比较

前面已经提到，2014 年中国县城生活垃圾处理率为 85.66%，将每个省（市、区）县城生活垃圾处理率与该数据进行对比分析，并将分析结果分为两类，一类是低于中国平均水平，一类是高于中国平均水平，结果见表 2-26。

表 2-26　2014 年不同省（市、区）县城生活垃圾处理率情况

平均水平	东部地区	中部地区	西部地区
低于中国平均水平（11）	天津、辽宁	黑龙江、山西、湖北河南、吉林	西藏、贵州、宁夏、四川
高于中国平均水平（18）	河北、广东、福建、江苏、山东、海南、浙江	安徽、湖南、江西	甘肃、新疆、陕西、云南青海、广西、重庆、内蒙古

资料来源：根据《中国城乡建设统计年鉴 2014》整理得到。
注：表中不含北京、上海。

从表 2-26 可以看出，县城生活垃圾处理率低于中国平均水平的省（市、区）有 11 个，其中，东部地区 2 个省，中部地区 5 个省，西部地区 4 个省（区）；县城生活垃圾处理率高于中国平均水平的省（市、区）有 18 个，其中，东部地区 7 个省，中部地区 3 个省，西部地区 8 个省（市、区）。

在 11 个县城生活垃圾处理率低于中国平均水平的省（市、区）中，最低的是西藏，县城生活垃圾处理率仅为 15.61%，其次是黑龙江 35.46%、山西 59.54%；在 18 个县城生活垃圾处理率高于中国平均水平的省（市、区）中，有 5 个省市的县城生活垃圾处理率都在 99% 以上，近乎实现了全覆盖，这 5 个省（市）分别为浙江 99.86%、江西 99.69%、重庆 99.40%、海南 99.28%、山东 99.18%。各省（市、区）县城生活垃圾处理率、无害化处理率情况见图 2-29。

（三）建制镇生活垃圾处理情况

生活垃圾堆放、处理是农村生活垃圾问题的两个重要方面，也是解决农村生活环境综合整治的重要内容。有关统计资料表明，对重点镇来讲，有生活垃圾收集点的行政村个数 5.28 万个，占比 69.49%；而对所有建制镇而言，有生活垃圾收集点的行政村比例为 63.98%。在生活垃圾处理方面，重点镇中有 54.76% 的行政村对生活垃圾进行了处理，所有制建镇中有 48.18% 的行政村对生活垃圾进行了处理；对生活垃圾无害化处理的行政村比例相对来说较低，重点镇中对生活垃圾进

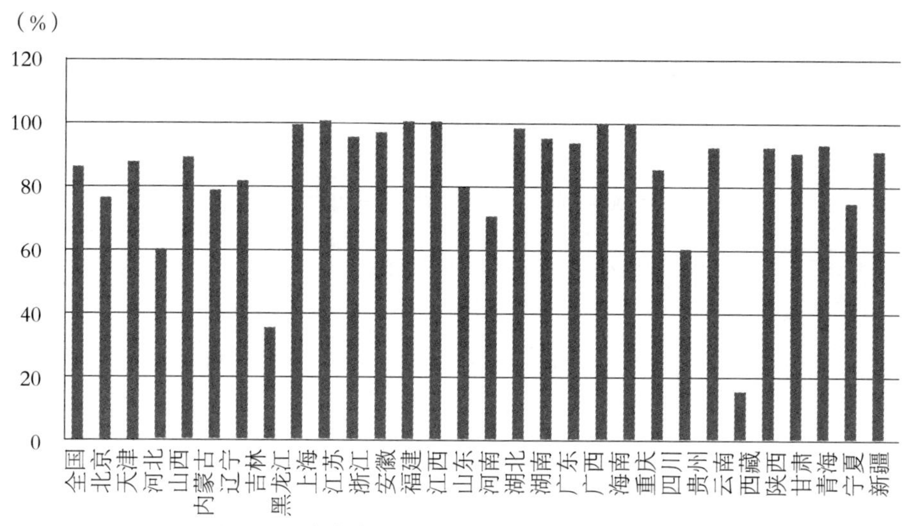

（a）2014 年各省（市、区）县城生活垃圾处理率

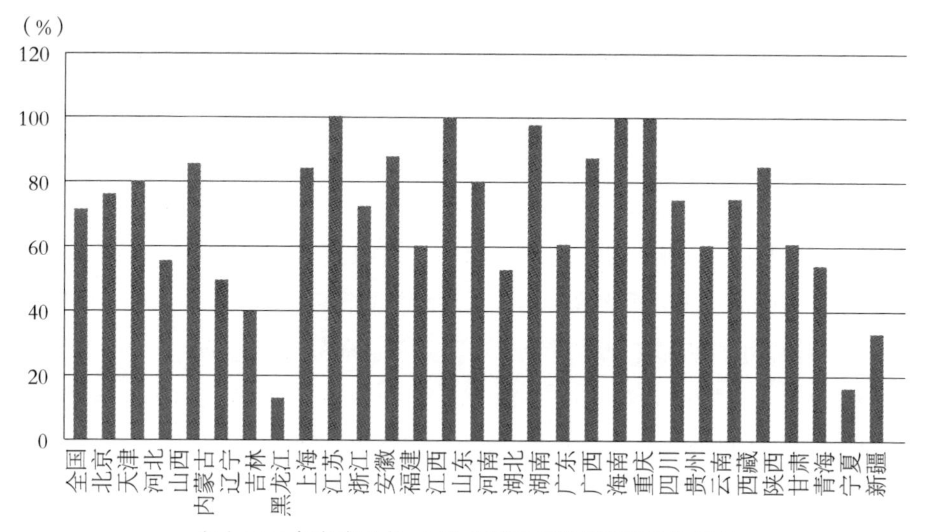

（b）2014 年各省（市、区）县城生活垃圾无害化处理率

图 2–29　2014 年各省（市、区）县城生活垃圾处理率、无害化处理率

数据来源：《中国城乡建设统计年鉴 2014》。

行无害化处理的行政村有 2.02 万个，占比 26.58%；而对所有建制镇而言，对生活垃圾进行无害化处理的行政村比例为 18.24%。

两类建制镇村庄实证公共设施水平的差距见表 2–27。从中可以看出，有生活垃圾收集点的行政村比例，重点镇高于所有建制镇 5.51 个百分点；对生活垃圾进行处理的行政村比例，重点镇高于所有建制镇 6.58 个百分点；对生活垃圾无害化处理的行政村比例，重点镇高于所有建制镇 8.34 个百分点。

表 2–27　两类建制镇村庄市政公共设施水平

行政村	有生活垃圾收集点的行政村比例（百分点）	对生活垃圾进行处理的行政村比例（百分点）	对生活垃圾无害化处理的行政村比例（百分点）
重点镇	69.49	54.76	26.58
所有建制镇	63.98	48.18	18.24
重点镇高于所有建制镇	5.51	6.58	8.34

资料来源：《2014 年中国重点镇建设概况》。

（四）行政村生活垃圾处理情况

1. 产生量及处理方式

根据相关研究，中国农村人均日生活性垃圾量为 0.86 千克，不同区域的农村人均日生活垃圾产生量有一定的差异，东部地区为 0.96 千克 / 日，中部地区为 0.88 千克 / 日，西部地区为 0.77 千克 / 日，东北地区为 0.81 千克 / 日。[①] 据此，对 2014 年中国不同区域农村生活垃圾产生量进行了匡算（见表 2–28）。结果表明，2014 年，中国农村生活垃圾产生量为 19215 万吨，其中东部地区为 7074 万吨，占 36.82%；中部地区为 6691 万吨，占 34.82%；西部地区为 5449 万吨，占 28.36%。

表 2–28　中国不同农村生活垃圾产生量、收集及处理方式

<table>
<tr><th rowspan="2">地区</th><th rowspan="2">年产生量（吨）</th><th colspan="2">收集方式所占比例（%）</th><th colspan="4">处理方式所占比例（%）</th></tr>
<tr><th>集中堆放</th><th>随意堆放</th><th>填埋</th><th>焚烧</th><th>高温堆肥</th><th>直接利用</th></tr>
<tr><td>全国</td><td>19215</td><td>63.28</td><td>36.72</td><td>57.03</td><td>14.26</td><td>13.88</td><td>14.83</td></tr>
<tr><td>东部地区</td><td>7074</td><td>73.79</td><td>26.21</td><td>73.93</td><td colspan="3">26.07</td></tr>
<tr><td>中部地区</td><td>6691</td><td>59.63</td><td>40.37</td><td>45.48</td><td colspan="2">26.71</td><td>27.81</td></tr>
<tr><td>西部地区</td><td>5449</td><td>56.77</td><td>43.23</td><td>38.94</td><td>20.35</td><td>20</td><td>20.71</td></tr>
</table>

资料来源：根据《2015 年中国统计年鉴》计算得到。

① 姚伟，曲晓光．我国农村垃圾产生量及垃圾收集处理现状［J］．环卫科技，2010（12）．

从生活垃圾堆放方式来看，还是以集中方式堆放为主，所占比例为 63.28%；农村集中堆放的生活垃圾还多以直接填埋为主，所占比例为 57.03%；填埋、焚烧、高温堆肥方式处理量所占比例分别为 14.26%、13.88%、14.83%。不同区域在生活垃圾堆放、处理方式方面都存在一定的不同。

2. 不同区域行政村对生活垃圾处理情况

有关统计资料表明，2014 年，中国 54.67 万个行政村中只有 34.98 万个行政村设有生活垃圾收集点，占中国行政村个数的比例为 63.98%；而对生活垃圾进行处理的行政村为 26.34 万个，占中国行政村的比例为 48.18%。

从不同区域来看，具有生活垃圾收集点的行政村及其所占中国同类行政村的比例见图 2-30。由此可以看出，东部地区具有生活垃圾收集点的行政村有 16.1 万个，占中国同类行政村的比例为 46.17%；东部地区、西部地区设有生活垃圾收集点的行政村分别有 9.8 万个、9.0 万个，占中国同类行政村的比例分别为 28.12%、25.71%。

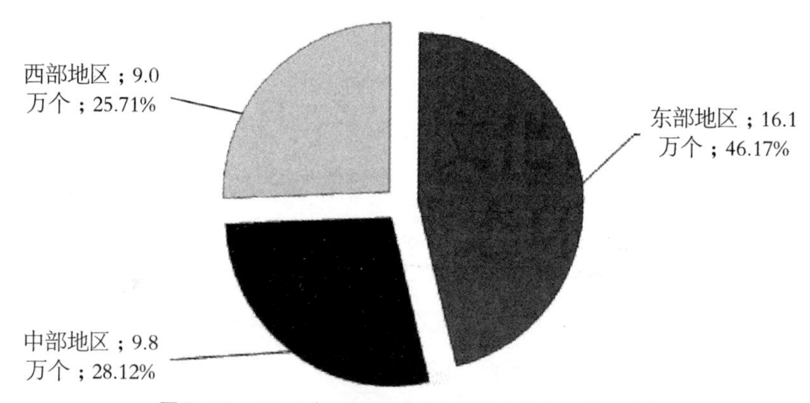

图 2-30　2014 年不同区域有生活垃圾收集点的行政村

对生活垃圾进行处理的行政村及其所占中国同类行政村的比例也具有一定的区域差异性，见图 2-31。由此可以看出，东部地区对生活垃圾进行处理的行政村有 13.6 万个，占中国同类行政村的比例为 51.47%；东部地区、西部地区对生活垃圾进行处理的行政村分别有 5.6 万个、7.2 万个，占中国同类行政村的比例分别为 21.32%、27.21%。

前面分析了不同区域设有生活垃圾收集点的行政村以及对生活垃圾进行处理的行政村占中国同类行政村的比例，以表示对生活垃圾进行处理方面区域对中国的贡献率。这里分析不同区域有生活垃圾收集点的行政村、对生活垃圾进行处理的行政村占本区内行政村的比例，以表示不同区域之间的差异性。详细分析结果见表 2-29 和图 2-32。

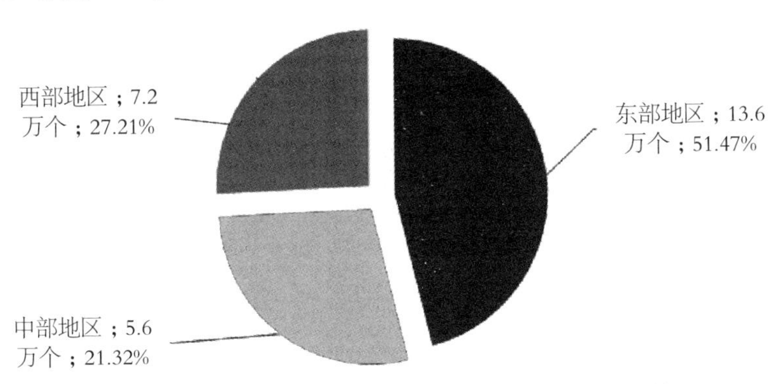

图 2-31　2014 年不同区域对生活垃圾进行处理的行政村

表 2-29　2014 年不同区域行政村生活垃圾收集及处理情况

区域名称	有生活垃圾收集点的行政村		对生活垃圾进行处理的行政村	
	个数（万个）	比例（%）	个数（万个）	比例（%）
全国	35.0	63.98	26.3	48.18
东部地区	16.1	81.96	13.6	68.81
中部地区	9.8	53.23	5.6	30.40
西部地区	9.0	54.54	7.2	43.47

资料来源：根据《中国城乡建设统计年鉴 2014》计算得到；表中不包括西藏自治区的数据。

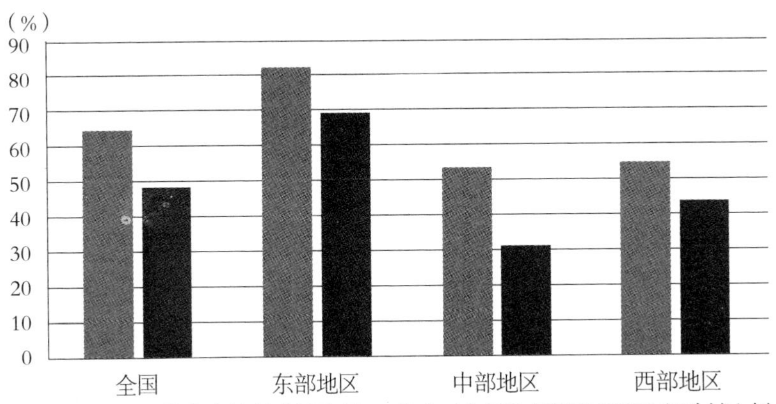

图 2-32　2014 年不同区域生活垃圾收集及处理情况对比

数据来源：《中国城乡建设统计年鉴 2014》。

由于区域自然条件、地貌特征，以及社会经济发展水平不同，而且区域民族风俗以及生活方式的不同，对生活垃圾的处理方式也存在一定的差异性。表 2-30 是 2014 年各省（市、区）行政村生活垃圾收集及处理情况。

表 2-30　2014 年各省（市、区）行政村生活垃圾收集及处理情况

区域名称	有生活垃圾收集点的行政村		对生活垃圾进行处理的行政村	
	个数（个）	比例（%）	个数（个）	比例（%）
全国	349774	63.98	263412	48.18
北京	3517	94.19	3097	82.94
天津	2443	82.98	1973	67.02
河北	21634	51.32	10575	25.09
山西	20135	73.47	7496	27.35
内蒙古	1695	15.82	727	6.78
辽宁	6831	64.11	4026	37.79
吉林	4087	45.18	2315	25.59
黑龙江	5013	57.53	235	2.70
上海	1549	97.73	1406	88.71
江苏	13272	92.91	12326	86.29
浙江	20478	90.24	18411	81.13
安徽	8667	59.78	6464	44.59
福建	11751	90.90	10361	80.15
江西	12551	74.72	9428	56.13
山东	62437	96.69	59139	91.58
河南	16534	36.24	7778	17.05
湖北	13115	55.66	9139	38.78
湖南	18262	46.66	13317	34.03
广东	15675	88.21	12594	70.87
广西	13800	96.34	13341	93.14
海南	1901	51.14	1664	44.77
重庆	3193	37.37	2168	25.37
四川	39395	87.27	38534	85.37
贵州	4613	29.37	2829	18.01
云南	5173	39.88	3251	25.06

续表

区域名称	有生活垃圾收集点的行政村		对生活垃圾进行处理的行政村	
	个数（个）	比例（%）	个数（个）	比例（%）
陕西	10966	44.61	4774	19.42
甘肃	5352	33.46	2793	17.46
青海	592	14.29	279	6.73
宁夏	1476	63.48	917	39.44
新疆	3667	35.15	2055	19.70

资料来源：《中国城乡建设统计年鉴 2014》。

（五）行政村改水改厕情况

为解决农村生活环境中存在的生活污水、生活垃圾等突出问题，提高农村居民生活质量，国家有关部门实施了一系列的工程措施，其中农村改水、改厕就是这些工程的重要内容。

加强农村改水改厕，改善农村环境卫生基本条件的硬件建设，不仅能带动农村环境卫生整治，提高农民文明卫生意识，有效预防和控制肠道传染病和寄生虫病的发生，也能推动农村精神文明建设，有力地促进农村经济的发展[①]。

数据显示，多年以来的农村改水的受益人口、受益率以及改厕中卫生厕所普及率情况见表 2–31。

表 2–31　农村改水、改厕情况统计表

年份	农村改水受益人口（万人）	农村改水受益率（%）	累计使用卫生厕所户数（万户）	卫生厕所普及率（%）
2000	8.81	92.4	0.96	44.8
2001	8.61	91.0	1.14	46.1
2010	9.08	94.9	1.71	67.4
2011	9.00	94.2	1.80	69.2
2012	9.12	95.3	1.86	71.7
2013	8.99	95.6	1.94	74.1
2014	9.15	95.8	1.99	76.1

资料来源：《中国农村统计年鉴 2015》。

① 金立坚．四川省农村改水改厕现状分析［C］.2005 年全国农村改水改厕学术研讨会，2012.

第三章

“文化创意+”生态环境模式选择

本章主要探讨文化创意产业与生态环境结合的三种主要模式，即“文化创意+”田园综合体建设、“文化创意+”三产融合建设、“文化创意+”生态旅游产业三种模式。意图通过阐述三种产业模式的理论基础，探索各自与文化创意产业相融合的可能性。

第一节 “文化创意+”田园综合体建设

一、田园综合体的概念

田园综合体是集现代农业、休闲旅游、田园社区为一体的特色小镇和乡村综合发展模式，是在城乡一体格局下，顺应农村供给侧结构改革、新型产业发展的趋势，结合农村产权制度改革的特点，实现中国乡村现代化、新型城镇化、社会经济全面发展的一种可持续性模式。

田园综合体是指综合化发展产业和跨越化利用农村资产，是当前乡村发展代表创新突破的思维模式。

出于对乡村社会形态、乡村风貌的特别关注，2012年，田园东方创始人张诚结合北大光华EMBA课题，发表了论文《田园综合体模式研究》，并在无锡市惠山区阳山镇和社会各界的大力支持下，在“中国水蜜桃之乡”阳山镇落地实践了第一个田园综合体项目——无锡田园东方。在项目不断探索的第4个年头，2016年9月中央农办领导考察指导该项目时，对该模式给予了高度认可。2017年由田园东方的基层实践，源于阳山的“田园综合体”一词被正式写入《中共中央国务院关于深入推进农业供给侧结构性改革加快培育农业农村发展新动能的若干意见》中，文件解读“田园综合体”模式是当前乡村发展新型产业的亮点举措，原文如下：“支持有条件的乡村建设以农民合作社为主要载体、让农民充分参与和受益，集循环农业、创意农业、农事体验于一体的田园综合体，通过农业综合开发、农村综合改革转移支付等渠道开展试点示范。”

二、田园综合体的思考原点

田园综合体的思考原点来自于中国乡村的发展之路。中国社会的一个主要问题是城乡二元问题——二元就是指不同，这个不同形成的差距不仅是物质差距，更是文化差距。解决差距的主要办法是发展经济，而发展经济的主要路径是产业带动。那么，在乡村社会，什么样的产业可以并需要发展起来呢？在一定的范畴里，快速工业化时代的乡镇工业模式之后，乡村可以发展的产业选择不多，较有普遍性的只有现代农业和旅游业两种主要选择（在这里，我们并不否认少数地方具备有特色的其他产业条件，如科技、加工业、贸易等，但我们这里讨论的是具有普遍性的产业）。农业发展带来的增加值是有限的，不足以覆盖乡村现代化所需要的成本。而旅游业的消费主体是城市人，它的增加值大，因此，旅游业可作为驱动性的产业选择，带动乡村社会经济的发展，一定程度地弥合城乡之间的差距。

在这个过程中，要注重用城市因素解决乡村问题。解决物质水平差距的办法，是创造城市人的乡村消费。解决文化差异问题的有效途径，是城乡互动。关于城乡互动，最直接的方法就是在空间上把城市人和乡村人“搅和”在一起，在行为上让他们互相交织。我们理解的“人的城镇化”，不是上了楼就是城市人了，也不是解决了身份待遇就是城市人了，文化得以弥合才是人的城市化。那么，最有效的途径就是城乡互动。

欧美、日本的美丽小镇的成长经历了百年的积淀。中国的乡村现代化，在现在的物质和文化的现实差距下，由乡村自行发展，要想呈现好的发展局面，有很大的局限。因为它不能自动具备人才、资金、组织模式等良好的发展因子，所以我们看到了非常多的乡村社会在无序、无力和分散的思想下，在竭泽而渔中走向凋敝。从我们目前的环境来看，我们主张尝试用一种恰当的方法论经历这个过程，探讨在当前环境下，用八年、十年或更多的时间，让企业和金融机构有机会参与，联合政府和村民组织，以整体规划、开发、运营的方式参与乡村经济社会的发展。

田园综合体与农旅综合体规划都是城乡统筹规划体系的有效补充，是新型城镇化发展路径之一和重要抓手，是农业农村统筹发展，城乡融合的主要规划设计类型。

首先，田园综合体与农旅综合体规划，从规划内容上看，都是强调现代农业产业发展，是立足农业科技与农业产业链的共同建设，促进第一、第二、第三产业融合发展；促进生态效益和经济效益的统一；是注重生态文明建设发展的主要方式之一；是促进城郊地区和连片乡村区域的农民创业增收、增强集体经济的主要方式。形成城乡统筹、融合联动发展的局面，例如在中农富通城乡规划设计院的规划设计案例强调农业产业发展体系的合理构建，突出农业多功能创新运营路径，带动内生产业集群发展，促进乡村特色小镇的统筹建设。

其次，田园综合体规划的侧重点在于更加综合强调主导农业产业发展、生态环境建设、乡村田园社区建设以及农村集体经济、村民的共同参与和就业增收的一体化规划。农旅综合体规划的侧重点在于更加强调农业产业的业态叠加，农业旅游的持续内生型产业集群打造，强调多功能农业发展的创新与运营，提升农业产业附加值的重要发展方式中农富通城乡规划院。以市场为主体，融合区域资源统筹发展，为城乡居民提供休闲旅游教育主导功能。

因此，田园综合体与农旅综合体规划在规划编制上应统筹城乡发展，创新城乡融合运营路径，应强化"农业＋产业体系"构建，增强农业科技引领和持续发展动能。

三、田园综合体对农村建设的实践意义

在深入推进农业供给侧结构性改革的背景下，随着城市居民体验农耕生活、欣赏田园风光、品味乡村土产、了解风土人情等需求的多元化，乡村发展有足够的空间在"特色"上做文章。"田园综合体"着眼于现代农业、休闲旅游和配套的社区生活，并纳入其中，进而形成产业的集结。其对农村建设发展有如下实践意义。

（一）田园综合体是促进城乡一体化发展的有效模式

城乡一体化，首先要解决的是"人的城市化"，乡村要发展起来，城市要反哺乡村，最终实现乡村与城市的融合发展，在美丽乡村实现文化、旅游、现代农业等多产业的综合，从单一第一产业往第二、第三产业延伸。在"田园综合体"这个空间内实现农村居民和城市居民的面对面"对话"，让城市居民了解乡村文化，让更多的农村人接触到城市文明。调研时，笔者感觉到在田园东方，人们的生产生活既能享受到城市的便捷，又能体会到乡村环境的优美、身心的舒畅，缩短了城市与乡村的距离。

（二）田园综合体是改造农村生产经营方式的有效途径

分散小规模经营的农业生产方式会阻碍新技术的接受和传播，即使在发达的

苏南农村也不例外。无锡阳山水蜜桃历经 30 多年的辉煌发展，已经面临品种的更新换代、病害防治防控、土壤承载力过重等问题，而散户经营的生产方式使得新成果新技术的推广较难开展。田园综合体的开发，引发了科技、管理、生产销售模式等一系列变化，使得农村在传统农业生产的基础上形成生态农业、观光农业、休闲农业等不同的农业发展模式，还将发展文化主题客栈、民宿等新兴服务业。在田园综合体内打造规模化的水蜜桃生产示范园、有机示范农场、果品设施栽培示范园等产业项目，能够更好地开展生产技术品类规划、生产协作制度创新和品牌营销创新，提高农产品附加值和品牌影响力。

（三）“田园综合体”是探索农业综合服务体系的有效尝试

田园综合体这种新型的农业生产经营组织方式，能够发展多种形式的规模经营，为构建集约化、专业化、组织化、社会化相结合的农业服务体系提供经验。在田园综合体内，农业也变成体面作业，让劳动产生一种美感，做一个职业农民将成为很多人的就业选择。包括农业工人、手工工匠、物管安保等在内的外来的参与者，在保证农业生产的前提下，贡献自己的力量，进行农田和农事的实践，并通过田园综合体搭建的平台形成田园“朋友圈”，服务整个系统。

四、田园综合体的建设理念和功能区域

（一）田园综合体的建设理念

（1）突出“为农”理念，坚持以农为农，广泛受益。建设田园综合体要以保护耕地为前提，提升农业综合生产能力，在保障粮食安全的基础上，发展现代农业，促进产业融合，提高农业综合效益和竞争力。要使农民全程参与田园综合体的建设过程，强化涉农企业、合作社和农民之间的紧密型利益联结机制，带动农民从三产融合和三生统筹中广泛受益。

（2）突出“融合”理念，坚持产业引领，三产融合。田园综合体体现的是各种资源要素的融合，核心是第一、第二、第三产业的融合。一个完善的田园综合体应是一个包含了农、林、牧、渔、加工、制造、餐饮、仓储、金融、旅游、康养等各行业的三产融合体和城乡复合体。要通过第一、第二、第三产业的深度融合，带动田园综合体资源聚合、功能整合和要素融合，使得城与乡、农与工、生

产生活生态、传统与现代在田园综合体中相得益彰。

（3）突出“生态”理念，坚持宜居宜业，三产统筹。生态是田园综合体的根本立足点。要把生态的理念贯穿到田园综合体的内涵和外延之中，要保持农村田园生态风光，保护好青山绿水，留住乡愁，实现生态可持续。要建设循环农业模式，在生产生活层面都要构建起一个完整的生态循环链条，使田园综合体成为一个按照自然规律运行的绿色发展模式。将生态绿色理念牢牢根植在田园综合体之中，始终保持生产、生活、生态统筹发展，成为宜居宜业的生态家园。

（4）突出“创新”理念，坚持因地制宜，特色创意。田园综合体是一种建立在各地实际探索雏形基础之上的新生事物，没有统一的建设模式，也没有一个固定的规划设计，要坚持因地制宜、注重保护和发扬原汁原味的特色，而非移植复制和同质化竞争。要立足当地实际，在政策扶持、资金投入、土地保障、管理机制上探索创新举措，鼓励创意农业、特色农业，积极发展新业态新模式，激发田园综合体建设活力。

（5）突出“持续”理念，坚持内生动力，可持续发展。建设田园综合体不是人工打造的盆景，而是具有多元功能、具有强大生命力的农业发展综合体，要围绕推进农业供给侧结构性改革，以市场需求为导向，集聚要素资源激发内生动力，更好满足城乡居民需要，健全运行体系，激发发展活力，在各建设主体各有侧重、各取所需的基础上，为农业农村农民探索出一套可推广、可复制、可持续的全新生产生活方式。

（二）田园综合体的功能区域

从田园综合体应具备的功能区域看，主要包含产业、生活、景观、休闲、服务等区域，每一区域承担各自的主要职能，各区域之间融合互动，形成紧密相连、相互配合的有机综合体。一是农业产业区。主要是从事种植养殖等农业生产活动和农产品加工制造、储藏保鲜、市场流通的区域，是确立综合体根本定位，为综合体发展和运行提供产业支撑和发展动力的核心区域。二是生活居住区。在农村原有居住区基础之上，在产业、生态、休闲和旅游等要素带动引领下，构建起以农业为基础、以休闲为支撑的综合聚集平台，形成当地农民社区化居住生活、产业工人聚集居住生活、外来休闲旅游居住生活等 3 类人口相对集中的居住生活区域。三是文化景观区。以农村文明为背景，以农村田园景观、现代农业设施、农业生产活动和优质特色农产品为基础，开发特色主题观光区域，以田园风光和生态宜居，增强综合体的吸引力。四是休闲聚集区。是为满足城乡居民各种休闲需求而设置的综合休闲产品体系，包括游览、赏景、登山、玩水等休闲活动和体验项目等，使城乡居民能够深入农村特色的生活空间，体验乡村田园活动，享受休闲体验乐趣。五是综合服务区。指为综合体各项功能和组织运行提供服务和保障的功能区域，包括服务农业生产领域的金融、技术、物流、电商等，也包括服务居民生活领域的医疗、教育、商业、康养、培训等内容。这些功能区域之间不是机械叠加，是功能融合和要素聚集，以功能区域衔接互动为主体，使综合体成为城乡一体化发展背景下的新型城镇化生产生活区。

五、田园综合体探索的主要模式

近年来，全国各地立足当地实际，以农业产业为支撑，以美丽乡村为依托，以农耕文明为背景，以农旅融合为核心，探索建设了一大批具有田园综合体基础和雏形的试点，模式不一，特色各异，取得了良好成效和有益经验。这些探索试点主要包括以下几种模式。

（一）优势特色农业产业园区模式

该模式是以本地优势特色产业为主导，以产业链条为核心，从农产品生产、加工、销售、经营、开发等环节入手，打造优势特色产业园区，以此为基础，带动形成以产业为核心的生产加工型综合体。例如，四川省青神县依托当地竹产业，打造竹林湿地公园、竹编产业孵化园、中国竹艺城国际博览园等延伸产业链条，形成聚集竹种植、加工、销售一体，旅游、电商、文娱完整产业链条，促进农民增收；眉州市彭山区在发展优势特色柑橘产业集群过程中，集中开展标准化果园建设，通过科技示范和品种改良，提升柑橘产业品牌美誉度，依托农民专业合作社和果品协会打造柑橘品牌，并通过电商、团购、物流等方式带动产品增值、产业增效和农民增收。

（二）文化创意带动三产融合发展模式

该模式是以农村第一、第二、第三产业融合发展为基础，依托当地乡村民俗和特色文化，推动农旅结合和生态休闲旅游，形成产业、生态、旅游融合互动的农旅综合体。例如，四川省浦江县明月国际陶艺村，依托 7000 亩竹笋园、3000 亩茶园，发展以陶艺为核心的乡村旅游创客示范基地，吸引文化艺术类人才入驻，配套建设书院、客栈、茶吧、民宿等文化和生活服务设施，已成为成都附近知名的农旅融合示范点，2016 年接待游客 15 万人，旅游收入超过 1200 万元；丹棱县幸福古村通过引入社会资本，综合利用古树、古桥、古民居、古道、古梯田，将偏僻的乡村民居升级改造为田园意境的休闲民宿，由锦江饭店集团派出管理团队入村管理，并依托当地资源条件发展葡萄、柑橘等特色产业，打造“农耕文明的活标本”；彭山区岷江现代农业示范园，统筹布局现代农业、休闲旅游、田园社区等功能区，探索政府、企业、原住民、新住民、游客多方共建模式，推动“农业 + 旅游”融合发展，同时，积极创新体制机制，探索国有建设用地下乡用于发展产业，农业基础设施建设采取“财政投入、业主有偿使用”新模式，增加村集体经济收入来源。

（三）都市近郊型现代农业观光园模式

该模式是利用城郊区位独特优势，以田园风光和生态环境为基础，为城乡居民打造一个贴近自然、品鉴天然、身心怡然的聚居地和休闲区，领略和感受农耕文明和田园体验，形成一个以休闲体验为主要特色的生活型综合体。例如，江苏省无锡市田园东方综合体，位于无锡市近郊的惠山区阳山镇，总面积为 6200 亩，集现代农业、休闲旅游、田园社区等产业为一体，倡导人与自然的和谐共融和可持续发展。该项目对村里老房子进行修缮保护成为特色民居，对村庄内的古井、池塘和古树进行保护开发，配套建设田园风光，打造了一个世外桃源般的休闲体验地。四川省新津县国际田园农博园依托四川农业博览会永久性、开放性会址，集中展示农业新品种、新技术、新机具、新机制，园区内布局了国家级台湾农民创业园、4A 级景区斑竹林、有机农场、房车营地、花卉博览园等，由台湾引入祥生有机农场，遵循生态农业理念，发展农业特色小镇经济，打造有机新农夫创业园，成为依托大型城市发展都市现代型农业的样板示范区。

（四）农业创意和农事体验型模式

该模式依托当地农业生态资源，创新乡村建设理念，以特色创意为核心，传承乡土文化精华，打造青年返乡创业基地和生态旅游示范基地，开发精品民宿、创意工坊、民艺体验、艺术展览等特色文化产品，发展新产业新业态，构建以乡土文明和农事体验为核心的创意型综合体。例如，山东临沂市沂南县岸堤镇朱家林村，三面环山，西邻高湖水库，东靠沂蒙红色旅游小镇。该村突出“文创 + 旅游 + 生态建筑”的深度融合，规划建设青年乡村创客中心、乡村手工作坊、田园创意集市、乡村生活美学观美术馆、生态建筑技术工坊等新型产业样板工程，开发特色创意类产业产品，成为独具特色的创意型田园综合体。青岛市莱西市后山人家田园综合体，以绿色农产品生态园为主体，建设观光采摘农业大棚、生态餐厅、农家乐、儿童拓展游乐园，以园区内的休闲、旅游、采摘、度假为核心，建设科普教育基地、手工作坊一条街、特色家庭农场等创意类产品，成为集居住、休闲、优质作物、旅游、采摘、餐饮及高科技示范为一体的大型生态循环休闲示范园。

六、田园综合体建设重点把握的几个问题

（一）在建设定位上，要确保田园综合体“姓农为农”的根本宗旨不动摇

田园综合体的建设目标是为当地居民建设宜居、宜业的生产、生活、生态空间，其核心是“为农”，特色是“田园”，关键在“综合”。要将农民充分参与和受益作为根本原则，充分发挥好农民合作社等新型农业经营主体的作用，提升农民生产生活的组织化、社会化这一方面，要切实保护好农民的几项权益，一是保护农民就业创业权益。田园综合体中的产业要与当地的资源禀赋条件相匹配，以农村现有的产业为基础，并进行优化升级，要给当地农民提供充分的就业和创业的机会和空间，确保农民在综合体建设中全面受益。二是保护产业发展收益权益。农村居民往往受到资金、技术、管理等方面的限制，在休闲农业、特色产业发展等方面难以与外地工商资本竞争，要建立有效的利益联结机制，防止本地居民在产业发展和利益分享中被“挤出”，集体资产被外来资本控制。三是保护乡村文化遗产权益。要用历史和发展的眼光保护乡村里的特色民居、遗址、宗祠、寺庙、民俗、非物质文化遗产等，防止过度设计、过度改造和过度开发，在发展乡村旅游中防止民俗文化活动庸俗化。四是保护农村生态环境权益。要把宜居宜业作为田园综合体的鲜明特色，在追求“金山银山”的同时留住“绿水青山”，经济发展规模要在综合体的环境承载能力范围之内，根据经济规模确定合理的建设规模，

防止盲目造镇。尤其要强调的是，田园综合体要展现农民生活、农村风情和农业特色，核心产业是农业，决不能将综合体建设搞成变相的房地产开发，也不是大兴土木、改头换面的旅游度假区和私人庄园会所，确保田园综合体建设定位不走偏走歪，不发生方向性错误。

（二）在推进力量上，坚持以农业综合开发为平台，集中相关政策支持合力

要充分发挥有关扶持政策的合力，从基础设施、产业发展、新民居建设、美丽乡村、脱贫攻坚等方面集中支持田园综合体建设。田园综合体试点涉及面广，投入大、建设期长。要发挥地方政府的主导作用，强化与相关涉农政策和资金的统筹衔接，把农村生产、生活和生态等各领域的支持政策紧密结合，探索以田园综合体试点为平台，统筹推进生产生活生态领域建设，促进循环农业、创意农业、农事体验等方面发展，拓展农业的多功能性，力争建设一片、成效一片，试点一个、务求精品。要根据田园综合体建设需要，加强与国土、规划、建设、金融等方面的沟通合作，围绕综合体建设提出支持政策措施。要充分发挥好政府、企业、村集体组织、合作社、农民等建设主体的作用，坚持以产业链条为主线，以利益联结为纽带，以合作共赢为动力，通过建立科学健全的市场化运行机制，使每一个建设主体都能明确自身定位，主动参与和投入综合体建设，各尽其能、各取所需，形成建设合力。尤其要处理好政府、企业和农民这三方面的利益关系，确保地域得发展、企业得效益、农民得实惠，充分调动各方面投入、建设和运营的积极性。

（三）在建设内容上，重点推进六大支撑体系建设

以农业综合开发为平台推进田园综合体建设，要围绕建设目标、功能定位和模式特色，重点抓好生产体系、产业体系、经营体系、生态体系、服务体系、运行体系等六大支撑体系建设。夯实基础，搭建平台。按照适度超前、综合配套、集约利用的原则，集中连片开展高标准农田建设，加强田园综合体区域内"田园+农村"基础设施建设，整合资金完善供电、通信、污水垃圾处理、游客集散、公共服务等配套设施条件。突出特色，壮大产业。立足资源禀赋和基础条件，围绕田园资源和农业特色，做大做强传统特色优势主导产业，推动土地规模化利用和三产融合发展，大力打造农业产业集群；稳步发展创意农业，开发农业多功能性，

推进农业产业与旅游、教育、文化、康养等产业深度融合，推进农村电商、物流服务业发展。创业创新，培育主体。积极壮大新型农业经营主体实力，完善农业社会化服务体系，通过土地流转、股份合作、代耕代种、土地托管等方式促进农业适度规模经营，优化农业生产经营体系，逐步将小农户生产、生活引入现代农业农村发展轨道。培育和开发农业的多功能性，促进绿水青山变为金山银山。绿色发展，改善生态。优化田园景观资源配置，深度挖掘农业生态价值，统筹农业景观功能和体验功能，凸显宜居宜业新特色。积极发展循环农业，充分利用农业生态环保生产新技术，促进农业资源的节约化、农业生产残余废弃物的减量化和资源化再利用。完善功能，强化服务。要完善区域内的生产性服务体系，通过发展适应市场需求的产业和公共服务平台，聚集市场、资本、信息、人才等现代生产要素，推动城乡产业链双向延伸对接，推动农村新产业、新业态发展。集中合力，顺畅运行。确定合理的建设运营管理模式，政府重点负责政策引导和规划引领，营造有利于田园综合体发展的外部环境；企业、村集体组织、农民合作组织及其他市场主体要充分发挥在产业发展和实体运营中的作用；农民通过合作化、组织化等方式参与综合体建设并多重受益。

（四）在实施路径上，要充分发挥市场机制作用，鼓励基层创新探索

田园综合体建设内容丰富，涉及面广，对资金、土地、科技、人才等要素有着较大需求。要坚持以政府投入和政策支持为引领，充分发挥市场机制作用，激发综合体内生发展动力和创新活力。在资金投入上，要改进财政资金投入方式，综合考虑运用补助、贴息、担保基金、风险补偿金等多种方式，提升财政使用效益。积极与农行、农发行、国家开发银行等金融机构对接合作，通过“财金融合”等方式创新投融资机制，充分发挥财政与金融资本的协同效应。田园综合体建设主体多元，不同的利益诉求决定了建设资金来源渠道广泛多样，要通过财政撬动、贴息贷款、融资担保、产权入股、PPP 等模式，引入更多的金融和社会资本。要创新土地开发模式，按照 2017 年《中共中央国务院关于深入推进农业供给侧结构性改革加快培育农业农村发展新动能的若干意见》中提出的“完善新增建设用地的保障机制，将年度新增建设用地计划指标确定一定比例，用于支持农村新产业、新业态的发展，允许通过村庄整治、宅基地整理等节约的建设用地，通过入股、联营等方式，重点支持乡村休闲旅游、养老等产业和农村三产融合的发展”等政策要求，完善新增建设用地的保障机制，探索解决田园综合体建设用地问题。在完善科技支撑、吸引人才聚集、发展新产业新业态、健全运行服务体系等方面，也要坚持以市场机制为主，配合相关政策支持，使综合体走上充满活力的良性发展轨道。要积极鼓励基层和市场主体，以田园综合体为平台，在运行机制、管理方式、业态形式、建设模式等方面进行探索，用创新的办法解决建设过程中遇到的问题和瓶颈。注重田园综合体建设经验积累和规律总结，为全面推开试点奠定基础。

第二节 “文化创意+”三产融合建设

一、农村三产融合的内涵

从世界各国的农业实践看，一家一户的分散型家庭经营是农业生产的组织基础。随着农业生产从自给自足的自然经济发展到专业化、集约化的商品经济，农业的家庭经营方式使得农户需要小规模、高频率地进入市场，交易费用急剧增加，大致包括获得价格信息、谈判、维护及签约成本以及监督、解决争端、重新协商、仲裁、诉讼成本等。从现阶段农户所处的市场环境来看，农业的家庭经营方式已经不能适应城乡居民对于农业生产的消费需求与综合开发农业多功能的生产需求，需要借助先进的组织形式。

根据交易成本理论分析，只要单个农户所分摊的组织制度成本小于一般的市场交易费用，农户就有动力选择一定的组织形式进入市场。因此，农业生产要适应目前我国城乡居民消费结构升级的新形势，改变以往简单的农业生产状态，就必须采用新的组织模式，降低交易费用。作为农村产业发展的新形态，农村三产融合的初始动因和最终目的都是为了节约交易费用，改善农产品（服务）的供给效率。

一是能够缩短农产品生产与消费间的交易距离。农村三产融合后，通过互联网等信息技术，低成本、全方位地搜集市场需求信息，由复合型市场经济组织统一完成农业多功能开发，增强农产品供给结构对其需求结构变化的适应性，实现供需一体化。

二是跨产业存在的扁平化、柔性化经济组织能够降低市场交易费用，发挥生产要素的集聚效应。在农村三产融合中，不同产业的企业利用战略联盟、兼并收购等组织创新，通过农业与旅游、文化、创意等产业的横向融合以及生产、加工、销售、服务等环节的纵向融合，节约交易费用。

综上，本书认为，农村三产融合是以农业多功能综合开发为核心，以满足多样化消费需求为前提，利用技术创新、制度创新，通过纵向的农业产业链深化、横向的农业功能拓展等形式实现农业内部各部门之间、农业各部门分别与第二、第三产业各部门两者之间以及农业、第二产业、第三产业三者之间的交易成本内部化，不断产生农业新业态、新模式的过程。

二、农村三产融合发展的内生条件

所谓三产融合发展的内生机制，是相对于外生发展机制而言的，它是指三次产业融合发展在农村生成的内在要素和条件。农村的三产融合发展是需求相应的经济、自然和社会条件的，只有当这些条件到达相应的程度，才有可能完成农村三次产业的真正融合。

（1）“三产融合”发展在农村具有开放的市场系统和完善的市场机制开放的市场系统，是土地、成本和劳动力等生产要素自由流动和农业生产运营者之间自由竞争的条件。中共十一届三中全会后，随着家庭联产承包责任制和统分结合的双层经营体制的确立以及农产品统购统销制度的取消，我国绝大多数农产品不断向商品化、市场化转变。这种转变极大地调动了农民的生产积极性，促进了农业和农村经济的发展，使农民也具有了一定的市场意识，这在一定程度上为实现农村的三产融合奠定了市场基础。但是，由于农业的特殊地位和作用，我国对农产品市场并未实行完全开放，农村的经济体制并没有真正实现由计划经济向市场经济转轨，农村市场体制还很不完善。

首先，农村市场经济制度系统不健全。例如，现行土地制度大大制约了土地的规模化和效益化经营。改革开放 30 多年以来，我国农村土地制度依然是家庭联产承包责任制，随着工业化和城镇化的发展，这种高度分散的土地难以形成规模化经营，使得农户难以抵御自然灾害和市场风险，严重影响了土地资源的配置效率，制约了农业生产效率的提高。而市场经济的显著特点就是能够灵活而有效地进行资源配置，它要求生产者能将自己的生产资料作为商品自由转让，使生产资料向经济效益高的部门转移，实现其效益的最大化。显然，目前我国三产融合发展的制度环境还很不完善，难以实现农业生产要素的合理流动，不能产生农业规模效益，形成有效的市场竞争力，迫切需要推进农村土地的流转工作，实现农产品的市场化和土地的规模化经营，可以说这是实现三产融合发展的依托。

其次，农村市场经济的软件系统不健全。软件系统指思想、意识和观念等。农民的市场观念相对落后，缺乏主动性，竞争意识、风险意识、开放意识和效益意识不强，无法面对变幻莫测的市场经济。目前，各地出现大量的农产品丰产不丰收的经济学悖论，一方面是由农产品的边际收益递减的特性造成的，另一方面是由于农民对市场需求及市场预期缺少理性认识造成的。三产融合发展可以说是农业范畴的一次思想解放，需要现代化的新理念、新人才、新技术和新机制。基于此，培育现代新型农业经营主体将成为农村三产融合发展的前提。

（2）三产融合发展需要有一个良好的生产及投资环境。在农村地区，农业资源除了农用土地和劳动力以外，还有许多显性资源没有充分利用与挖掘，如农村景观、农村传统文化、农村巨大的消费市场等，这为农村的三产融合提供了广阔的发展空间。我国地域宽广，地区发展不平衡，东部沿海发达省份的农村经济已经步入了工业化中期阶段，农村的产业融合升级具有比较成熟的投资环境。中西部地区的农村经济发展水平相对落后，生态环境比较脆弱，基础设施建设滞后，与现代化的经济发展还有很大的差距。

农村的交通、通信、气象等基础设施还不能跟上经济发展的速度，农村的信息化服务能力和服务体系还不健全，尤其是许多山区、半山区和贫困地区交通不便，供水、供电、供气和道路、网络通信设施建设不到位，农村地区的市场条件和新技术的获得及掌握能力均较差，加之农业生产的自然依赖性，使三产融合的经济效益具有很大的不确定性，这些都使得农民及龙头企业投资动力不足，三产融合的产业链难以构建。此外，一些地方基层管理机构的不作为、低效率、官僚主义、以权谋私、腐败现象严重，这就造成投资者对农村投资的欲望大大降低。尤其令人担心的是，农民尤其是青年农民存在着严重的“贱农”心理，农村与城市生产生活条件的巨大差异使得农村很难吸引农民返乡，造成农业精英大量流失，无人再愿意从事农业生产，造成农村的三产融合发展缺少最基本的实践主体。总之，只有良好的投资环境和农作环境，才能激发人们投身农业的兴趣，才能解决“谁来种地”“怎样种地”的问题。

（3）三产融合发展需要具有较高的产业集聚力。三产融合发展实际上是第一、第二和第三产业集聚的过程。因此，三产融合不仅需要成熟的市场体制，还要依靠产业集群的力量来发展。能否实现同一类产业或相关产业在农村汇聚，是产业融合发展的前提和基础。目前，我国农村的乡镇企业在农业产业化和推动国民经济发展方面起到了很重要的作用，在农村形成了相对简单的产业聚集，而当前我国许多地区正在进行的三产融合发展的实践也是在农业和第二、第三产业中较低层次的的融合，比如农产品加工业、农家乐等，可以说，这为三产融合初步形成奠定了基础。总体而言，中国农村地区的产业集群还处于点状零星发展的起步阶段，产业链内部企业规模小、层次低，部分企业经营管理粗放，产品档次偏低，装备技术水平不高，还没有比较成熟、各种配套系统完善的产业集群。而农村产业集聚力的形成也非一日之功，既需要农村基础设施的不断完善，也需要劳动力的不断积聚，同时还需要形成初具规模的人口积聚，这样才能真正实现农产品生产、加工、服务一体化的产业效应。

三、农村三产融合的动因与效应分析

（一）农村三产融合的动因

农村三产融合通过技术创新和制度创新两条路径实现交易成本内部化，并由市场需求扩大提供外部牵引力、农业多功能综合开发提供外部推动力，四者共同构成农村三产融合的驱动因素（见图 3-1）。

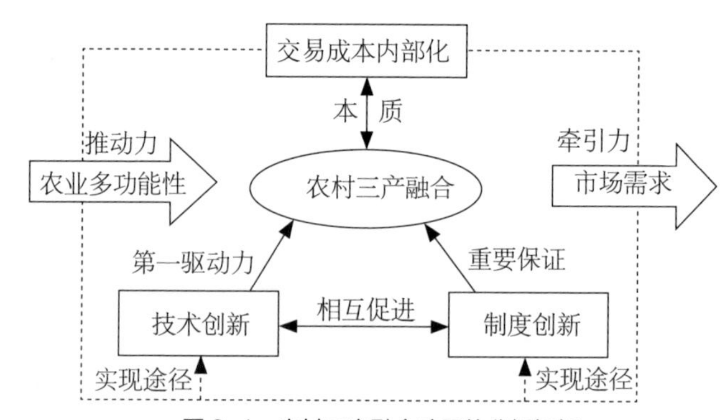

图 3-1 农村三产融合动因的分析框架

第一，技术创新是第一驱动力。新技术在农业生产中的应用，有利于实现农业生产的智能化、数字化、信息化，打破农业内部各部门之间以及农业与第二、第三产业之间的技术壁垒，改变农产品生产特征以及价值创造过程，逐步消除农村不同产业间的边界。可以说，技术创新是农村三产融合的第一驱动力。以分子标记技术为引领的新一代生物育种技术在农业领域的应用，使得农业科技研发与农业生产的融合互动水平显著提升，由此衍生而来的现代农业与精深加工、生物燃料、纺织等第二产业的融合互动也逐步展开。同时，互联网信息技术、物联网技术、信用支付技术、仓储物流技术等在农业生产经营中的应用，使得农业与电子商务、现代物流、金融借贷等第三产业深度融合。大量涌现的淘宝村就是典型代表。2016 年全国淘宝村突破 1000 个、淘宝镇突破 100 个，广泛分布在 18 个省（市、区），表现出产品创新化、网商企业化、电商服务体系化、发展模式多元化等特征。淘宝村、淘宝镇的形成和发展不仅解决了传统农业生产中经常面临的农产品销售问题，减少了中间环节，实现了农产品生产消费的一站式链接，还实现了包装设计、仓储物流、培训管理、广告营销等第三产业在农村地区的兴起和集聚。

第二，制度创新是重要保证。技术创新的研发、转化与实现，要求相应的制度创新通过产权、组织、管理等途径支持创新行为和保护创新成果；反过来，技术优势明显的创新产品又支持制度创新，使其成果得以显现在商业价值上。农村三产的深度融合离不开新技术的研发与应用，需要与之匹配的制度创新；同时，农村三产融合本质在于交易成本内部化，也需要相应的制度供给。因此，农村三产融合的演进与升级在一定程度上取决于制度创新以及制度创新与技术创新的匹配和融合。可以说，制度创新是农村三产融合的重要保证，主要包括宏观层面的政府政策创新以及微观层面的企业制度创新。政府部门可以通过机制体制革新、出台扶持政策等手段为农村三产融合提供良好的制度保障，例如，农村土地“三权分置”制度的制定与实施，有效促进了新型农业经营主体的生成与发展，发挥了农业专业化经营的分工效应和规模经济效应，为农村三产融合提供劳动力资源与空间资源。同时，面对农村三产融合带来的产业边界模糊、企业竞争加剧、新业态涌现等现象，相关企业必须打破原有的组织结构，在更广泛的层面增强技术创新能力，构建更具开放性和动态性、更利于技术创新与新业态形成的企业组织形式。

第三，市场需求是牵引力。21 世纪以来，我国城乡居民的消费理念急剧变化，农产品消费日益多样化和营养化，农产品消费结构呈现持续升级的趋势，这就要求农业生产从单纯地提供初级产品向精深加工方向转变，积极发展农产品精深加工业。同时，随着城乡居民收入水平的提高，在工作和闲暇时间的选择上逐步出现经济学意义上的劳动供给曲线向后弯曲的情况，城乡居民的闲暇时间增加，并转变为居民消费需求的增长。休闲旅游成为城乡居民精神消费和服务消费的重要内容，而目前城市地区的休闲氛围不尽如人意，且农业多功能性相关的休闲旅游、文化体验等消费需求持续扩张，促使了农业与旅游创意、文化教育等产业的深度融合。可以说，市场需求是农村三产融合的牵引力。数据显示，2012 年中国休闲农业与乡村旅游从业人员 2800 万人，占农村劳动力的 6.9%，年营业收入超 2400 亿元、接待游客近 8 亿人次；并且休闲农业与乡村旅游年营业收入、接待游客数量不断攀升，开始由 2013 年的 2700 亿元、9 亿人次增长至 2016 年的超 5700 亿元、近 21 亿人次，年均增长 30%。中国休闲农业和乡村旅游发展呈井喷式发展势头，为农村三产融合提供了巨大的市场需求。

第四，农业多功能是推动力。现代农业是具有多种功能的农业，多功能性是其显著特征。在农村三产融合过程中，农业各项功能将整体地、持续地参与到满足城乡消费需求、改善农业供给结构的市场交易中，使得长期处于低效率、无效率运转的生态、文化等功能资源也能够得到有效利用，推动农业与旅游、文化创意等第三产业深度融合。可以说，农业多功能是农村三产融合的推动力。一方面，充分挖掘农业粮食生产、经济、社会、生态、文化功能，发挥农村地理空间广阔、生态环境优越、文化底蕴浓厚等资源优势，有利于满足消费市场对于食品安全、休闲观光、农事体验、亲近自然等多样化需求，这不仅能为新业态的形成和发展提供产业基础，也有利于改善农村生态环境破败、文化资源流失的局面。另一方面，坚持农业多功能综合开发能够保证产业融合产生的利益更多地保留在农村，实现农民的就近就业和增收，避免出现过去农业对接第二、第三产业时单纯地将农业视为原料供应部门的现象。

（二）农村三产融合的效应

第一，有利于降低市场交易费用。随着农业多功能综合开发的不断深入，任何单一企业在模块化生产的背景下只能在产业链某一个或者几个环节上取得相对优势。而随着农村三产融合的发展，产业要素将得到整合，资源配置效率将得到提高，农业与相关产业的关联性将进一步增强，农村产业价值链将得到延长和拓宽，其规模经济效益将得到充分发挥。融合后的农村跨产业价值链不但能够推动具备不同要素资源优势的关联主体间技术融合、产品融合、市场融合，还能够优化农村跨产业价值链，实现产业链中各市场主体的整体最优，降低单一产业链内部各环节间以及跨产业链间的市场交易费用。

第二，有利于提升农业竞争力。以新技术、新产品、新业态为特征的农村三产融合作为一种突破传统范式的产业创新形式，正冲击并改变着传统的农村产业结构，加速实现农村产业结构的优化升级。产业融合与产业竞争力提升相互间具有内在的动态一致性，是影响产业竞争力提升的重要因素。农村三产融合利用纵向上的农产品功能深化与横向上的农业功能拓展等形式，能够形成共同的技术和市场基础，实现相关产业间的边界模糊化和发展一体化。农业与这些相关产业一旦形成广泛关联，经过产业融合和产业创新的连锁反应，将进一步提高农村各产业开拓市场、占据市场并获得利润的能力，使得农村产业结构获得合理的调整和布局，从而提高农业产业竞争力。

第三，有利于促成新企业的产生。随着消费者需求的日益多样化、个性化以及生物技术、信息技术、仓储物流的快速更新，农村三产的早期进入企业会捕捉到积极的市场信号并传递给关联企业，通过与相关企业合作带动生产投入，以达到生产要素深度开发和交易费用降低的目的。伴随着企业间持续性交流，企业信息交换频次增多，能够形成知识外溢效应与新知识，有利于营造良性的融合创新氛围，降低新企业诞生和进入的产业壁垒和市场风险。同时，农村三产融合的完善需要不同层次的市场主体，企业原有业务可能获得新生，交叉领域可能涌现新业务。根据经典的“结构追随战略”的要求，企业新业务的有效开展需要与之匹配的组织形态，也就为新企业的诞生和发展提供了市场空间。

第四，有利于塑造农业产业品牌形象。我国农业发展已进入品牌化时代，农业品牌创建是当前农业农村改革发展的新课题。随着农村三产融合的深度发展，关联企业以及价值链支持部门的空间集聚现象、融合产业的地域特色将日益明显，为打造有影响力的农业品牌提供了坚实的产业基础。同时，区域农业产业品牌一旦形成并得到市场认可，便会带来稳定的消费群体和经营利润，带动区域经济发展，推动政府部门完善相关公共服务；而完善的政府公共服务，又将进一步为技术、资本等生产要素集聚、配置提供便利，促进关联企业信息共享和相互协作，进而增强农业产业品牌的市场竞争力，形成产业融合与产业品牌塑造的良性互动。

第五，有利于加快城乡经济一体化。农村三产融合的形成和深化，不是一个或几个企业集团所能完成的，必须从农业转型、城乡协调的视角来审视。农村三产融合过程是资源要素以农产品功能深化与功能拓展等各种形式在农村地区集聚，产生新业态、新模式的过程。在这一过程中，既可以吸引城市地区加工、物流、商贸、文旅等关联企业集聚，又可以通过产业创新形成新的关联企业，共同形成以空间集聚为主要特征的企业网络。这一企业网络将逐步成为城乡要素资源流动的主要载体，加速城乡资源流动与重组，有利于加强城乡间贸易活动、打破城乡交流壁垒、改善城乡二元结构、提高区域经济效率，进而实现城乡经济一体化发展。

四、推进农村三产融合发展的现实意义

在中国推进农村三产融合，不仅是中国城乡一体化发展的重要组成部分，也是提高农民增收的重要手段和实现农村地区可持续发展的客观要求，是促进中国实现农业现代化的重要途径。因此，推进中国农村三产融合发展具有非常重要的现实意义。

（一）推进农村三产融合是中国城乡一体化发展的重要组成部分

近年来，中国城镇关系日益松动，城市变得更加开放，农民和工人之间开始了城乡之间的社会结构性流动。但由于城乡户口管理制度和城市劳动力就业与福利制度的存在，城乡之间的结构性矛盾只是有所缓和，并未根本消除。中国社会经济的发展历程已经证明，不能再局限于传统农业的范围来解决中国的农民问题，也不能局限于第一产业的传统农民的范围来解决中国的农民问题，必须统筹城乡发展，统筹第一、第二、第三产业的发展，从综合性的角度来考虑和解决中国的农民问题，进而为解决中国传统的城乡关系提供指导方向。从城乡收入的角度来看，农民并没有得到与中国经济高速增长相对应的利益，农民在国家社会发展过程中做出了巨大的贡献，尽管他们的收入有所增加，但并没有改变其弱势地位。推进农村三产融合是新时期农民增收、农业发展的新方向，它能够有效改变原有的耕作模式、生产模式及销售模式，延伸农业产业链，并让农民更多的享受到农业产业链增加带来的价值增值，缩小城乡收入差距，改变传统农村贫穷落后的局面，创造新型城乡关系，是中国城乡一体化发展的重要组成部分。

（二）推进农村三产融合是提高中国农民收入的重要手段

在利益分配机制方面，农村三产融合通过按股分配、按交易额返还利润等方式，促使农村三产融合主体不仅可以获得农产品原料的收益，还能够得到农产品加工和销售等环节中返还的部分利润，并且能够分享到通过农业产业链条延伸、扩展所带来高附加值利润。通过大力发展农村三产融合，可以真正做到农业与其他产业一起“利益共享、风险共担”，是提高农民收入的重要手段。从日本和韩国发展的经验来看，日本通过发展“六次产业”增加了农民收入，创造了新的商业模式，日本政府于 2010 年 3 月通过《食品、农业和农村基本计划》，将六次产业化与环境和低碳经济结合在一起，在农村创造了新产业；韩国通过六次产业化发展，让农村地区各产业深度融合，以农业生产的第一产业为中心，与农产品加工、特色农产品开发等第二产业，加上直销店、餐饮业、住宿业、观光业等第三产业，在农村地区结合并开展，增加附加值，创造了更多的工作岗位，同时通过发展农村文化产业也增加了农民的收入。三产融合有利于开展新的以农业生产者主导的农业产业化经营模式，把政策集中到以农村为主，把重点放到农民，让农业有更好的良性发展。

（三）农村三产融合是实现农村可持续发展的客观要求

随着城乡一体化进程的加快，城乡之间要素流动加速，新的商业模式和新型业态全方位地向农村渗透，促使传统的农业生产方式和组织方式不断优化升级，农村三产融合的深化发展可以有效解决当前农村生态环境恶化、农村社会发展凋零等问题，实现中国农村地区的可持续发展。首先，在农村生态环境建设和保护方面，农村三产融合十分注重生态环境的保护。以生态农业为例，它将传统农业的精华与现代农业技术结合起来，既能够保证农业资源得到充分利用，又十分注重对农业资源和生态系统的科学养护和修复；既能够生产出安全卫生的农产品，又能保护自然环境，促进中国农村地区实现资源环境的可持续发展。

其次，在农村社会发展方面，农村三产融合能够有效缓解农村发展凋零的状况，促使农村焕发新的生机。近年来，随着工业化和城镇化的飞速发展，中国农村的经济社会结构发生了翻天覆地的变化，农业生产的兼业化、老龄化、女性化趋势日益严重，农村和农业生产一线男性劳动力严重匮乏，大量土地撂荒，村落自然消亡，农村呈现出老、弱、病、残的凋零景象。而随着农村三产的深度融合，在农村大力发展生态农业、休闲农业等新型业态，政府也会陆续出台多种有利政策和措施，会吸引外出打工的青壮年劳动力、大学生等返乡创业或就业，成为发展农村三产融合的中坚力量，振兴中国农村地区经济社会，促进农村各类资源得到充分利用，激发农村发展的新活力。

（四）推进农村三产融合是实现农业现代化的重要途径

农业现代化是指利用技术改造传统农业的历史过程，在这一过程中，先进生产要素不断应用于传统农业中，会引发人力、物力、技术、制度等要素的一系列变革与更新，最终表现为农业综合效益的大幅度提高，促进农民增收，城乡统筹发展，创造出良好的生态环境，实现农业的可持续发展。而农村三产融合则通过产业联动、产业集聚、技术渗透和体制创新等方式，将生产要素进行跨界集约化配置，能够因地制宜地将更多的先进技术和现代化的生产方式运用到第一产业，同时又将第二产业标准化生产的理念和第三产业以人为本的理念应用到第一产业的发展上，将新技术、新业态、新商业模式贯穿其中，能够有效地实现农业综合效益的大幅提升，促进农民增收，促进农村生态环境友好发展，实现农村地区的可持续发展。这恰恰为中国实现农业现代化建设提供了良好的产业发展保障，更好地满足农业现代化的基本要求。

五、农村三产融合的组织模式

（一）农村合作社为主导型

我国农村合作社主导型横式的产生改革开放之后，在家庭联产承包责任制下，我国农业的生产主要以家庭为单位。小规模和分散性的生产方式导致我国农业的发展一直很缓慢。一方面，农户的生产容易受自然环境的影响造成产量的下降，农户利益受损。另一方面，分散的经营模式难以有资金来促进农业技术的提高，因此生产的效率也是低下的。但是，勤劳智慧的农民群众探索出了一条构建农村合作社的道路。在合作社的带领下，不断地提高农业技术，进而提高产量，然后统一进行加工，形成规模经济，最后再统一进行农产品的销售，提高整体的市场竞争力。

1. 农村合作社主导型模式的运行

我国的农村合作社是指“基于家庭联产承包责任制，同类农产品或农业服务的生产者、经营者、提供者和利用者，服务于各社员，在民主管理、自愿进出的原则指导下结成的互助性经济组织。”《农民专业合作社法》指出，农民在所有成员里的比例不得低于 80%，因此农民合作社的主体是农民，农村合作社相较于其他组织能最大限度地表达农民的诉求。其主要的运作方式如下（见图 3-2），农户根据“入社自愿，退社自由”的原则参与到农村合作社中，农村合作社组织农户共同生产，以组织的形式向市场销售农产品，再将农产品销售的收益分给农户，实现“风险共担，利益共享”。

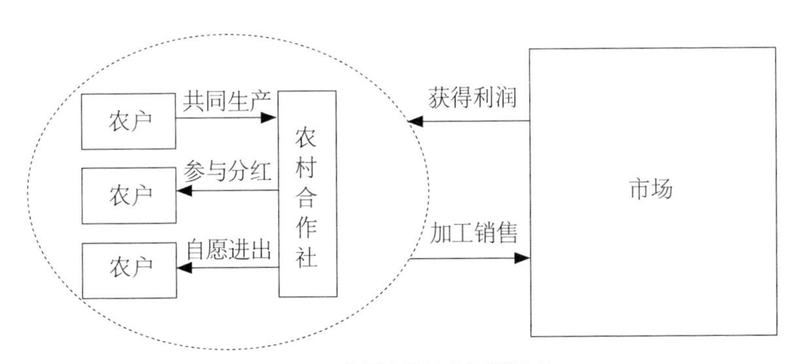

图 3-2 农村合作社主导型模式

农村合作社主导型其实也就是“合作社 + 农户”型。在管理方面，社员基于共同的生产经营需要，自愿加入农村合作社，在民主管理原则下，通过社员大会对决策进行讨论与表决，充分表达社员的意愿与利益，调动社员生产经营积极性，做到民办、民管、民受益；在生产方面，农村合作社主要是以专业化的生产为主，在合作社的统一管理下，合作社内的先进的技术和经验得到广泛传播，农户通常能够获得合作社产前、产中和产后的信息、技术和生产资料等服务；同时在利益分配方面，在经营良好的情况下，社员不仅能够得到合作社事先提取的公积金“保息分红”，大部分社员还能按照交易额得到“二次利润的返还”。因此，以农村合作社为主导的“三产融合”组织模式在降低农户生产和加工的费用的同时，还能为农户提供更高交易收益。

2. 农村合作社主导型的发展

为了更好地促进第一、第二、第三产业的融合，农业部和相关管理部门始终支持和重点培育农村合作社的发展，将其作为农产品加工业新的增长点，并且出台了许多惠农富农的优惠政策，在资金方面，降低合作社生产成本的同时，为其规模的进一步扩大提供资金支持。在公共服务方面，积极构建公共服务平台，加强合作社之间的交流，开拓市场。在今后的一段时间，农业部也将按照“基在农业、利在农民、惠在农村”的总思路，通过对农村合作社发展的支持，使农民在第二、第三产业中获得更多的附加值收益，优先安排产业融合的试点、“百县千乡万村”工程试点等项目，重视产地处理、农产品采收、贮藏等初加工及运输、销售等环节，促进农户在生产经营过程中的横向联合。

但是在“合作社+农户”的组织关系中，经营的主体归根到底还是农户，农户在面对市场时，有着让人不容忽视的弱势，由农民构成的合作社不仅缺乏资金，农业的规模效益难以实现，而且由于长时间待在农村，对市场的敏感度也不强，难以适应快速变化的市场环境，在“三产融合”过程中可能存在“走弯路”的情况。作为联结小农户和大市场的重要载体，农村合作社应该紧跟“三产融合”的发展趋势，在挖掘自身优势的同时，学习借鉴国内外经验，探索一种适合自己的产业融合模式。

（二）“企业+农户”合作社

1.“企业+农户”模式的产生

由于不完善基础建设与巨大的发展潜力，企业也将市场瞄准了农村，企业与农户通过签订合约，为农户提供生产资料、管理经验和先进的技术，提高农业的生产效率，在保证农产品的生产的基础上，对农产品进行回收，然后销往市场赚取利差。企业的加入为农业的生产注入了新的活力，弥补了农户管理和技术上的不足。农户在企业的带领下，生产的效率得到很大的提高，农户通过企业对农产品的回收也获得了更多的收益，这也就是“企业+农户”的组织模式。

2.“企业+农户”合作型横式的运行

“企业+农户”合作型组织模式指的是企业与农户为了追求共同利益，通过签订合约将利益联结起来，企业为农户提供生产原料、技术服务，并且对最终产品进行回收，而农户则按照企业的要求进行生产，形成产前、产中、产后的产业化链条，通过联结农产品的生产、加工和流通等环节，推进农业产业化的组织模式。由于企业与农户大多数都是依靠签订订单形成利益联结，因此也称为“订单农业”。

这里的企业一般指的是龙头企业，主要从事农业生产资料供应、农产品加工、流通等活动，一边联结农户，对农产品进行回收和加工，一边面向市场，进行农产品的流通与销售，在农业产业化经营中发挥“龙头”的带动作用。其主要运作方式如下（见图 3–3），由龙头企业与农户签订合同，并向农户提供原材料与技术等，农户在接受订单后从事生产，按照合同向龙头企业提供农产品，农户获得农产品生产的利润。再通过龙头企业的加工与销售，促进农产品与市场流通，获取农产品附加值。

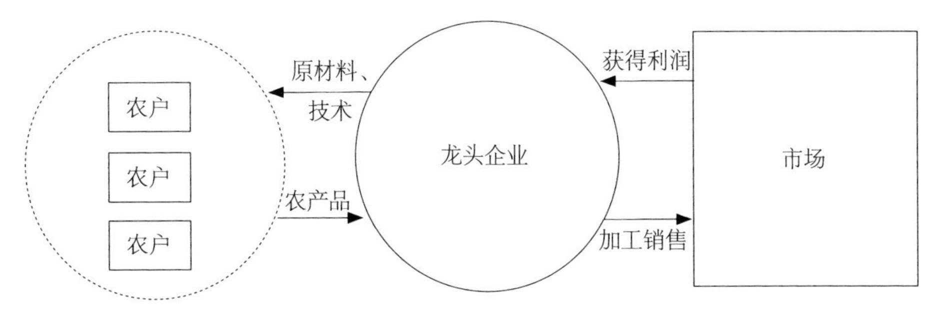

图 3–3　“企业 + 农户”合作型模式

由图 3–3 可以看出，“企业 + 农户”的基本内涵包含以下四个方面：一是以市场为导向，根据供求原理，企业和农户的关系就是以市场的需求为基础建立起来的；二是以龙头企业为依托，龙头企业扮演的角色之一就是把农村的小规模生产和国内外的大市场联结起来的纽带；三是专业化的生产模式，通过企业的加入，将科学的管理经验、先进的生产技术和充足的资金带入到农户的生产过程中，提高整体经济效益；四是形成一定规模的农工商一体化的产业链，在一定程度上也可以称之为利益共同体。

3. 龙头企业在“企业 + 农户”合作型模式下的作用

在“企业 + 农户”合作型的组织模式中，龙头企业对三产融合发挥着重要的作用。农业的三产融合的本质是要素链、服务链与利益链的联结，龙头企业作为最有活力的一员，成为农村三产融合发展中的坚实力量。龙头企业不仅是经营主体融合的主导者，还是资源要素融合的推动者，同样还是产业互动的引领者。

龙头企业依托农产品加工业和服务业，克服市场的弊端，发挥自身的优势，把产业链条延伸至农业生产领域，推进农村三大产业之间的融合发展。农业三产融合的核心是提高农民的收益。龙头企业在"企业 + 农户"的组织模式中，不仅可以通过保底收购等方式让农民受益，还可以通过股份合作制让农民参与分红，提高农户的增值收益。但在以往的实践中，由于企业与农户的利益联结机制不完善，违约现象普遍，一旦违约收益高于违约成本时，就可能导致企业和农户的违约行为。因此，龙头企业带头作用的实现，离不开在产业链延伸、价值链提升和利益链共享中各环节的突破。

为深入推进第一、第二、第三产业融合的发展，《中华人民共和国国民经济和社会发展第十三个五年规划纲要》指出，要建立一批农村产业融合的领军企业。近日，农业部同国家发展改革委等八大部门共同评选出了一批在产业融合实践中具有示范作用的企业，通过典型的树立，带动产业融合。同样为了龙头企业核心竞争力的提升，各级农业产业化部门积极推动企业集群，仅 2015 年，农业部指导各地创建了国家级的农业产业化示范基地 60 个，通过对 2289 家龙头企业的聚集，促进了 502 万户农民的发展。

（三）"企业 + 合作社 + 农户"复合型

1."企业 + 合作社 + 农户"复合型模式的产生

"公司 + 合作社 + 农户"的组织模式是在原有"公司 + 农户"的基础上演进而来的，正如前文所说，"公司 + 农户"的模式存在订单违约的风险，因而"企业 + 合作社 + 农户"是将企业与农户之前的短期契约长期化，通过单次博弈向多次博弈的调整，降低违约风险与交易成本。于是越来越多的人开始关注"企业 + 合作社 + 农户"这一组织模式，这也是现阶段最普遍的组织模式。在这种模式下，主要由龙头企业与合作社签订合约形成共同的利益联结，企业和合作社的关系确定化，一方面，合作社将农户组织起来，对农户进行监督，减少违约订单现象，另一方面，龙头企业发挥自身的优势，对生产进行指导，提供资金和技术等，引导整个三产融合进程。

2."企业合作社 + 农户"模式的运行

在"企业 + 合作社 + 农户"复合型模式中，最典型的运作方式为：合作社与公司签订合约，公司为合作社提供生产的品种选择、技术指导、生产性的基础设施建设以及产品的回收等服务，合作社则根据公司下达的生产计划组织安排农户按要求进行生产加工，由于企业对市场拥有更强的洞察力，因此制成品的流通销售环节一般都由公司来主导。在这种模式下，公司与合作社的关系确定化，公司通过与合作社签订契约，在保证农产品产量的稳定性的同时实现了合作社对农户的监督，降低了农户订单违约的风险。并且，农户参与合作社，提高了农民面对市场的竞争能力，也通过合作社的制度保证降低了公司的违约风险。其具体的运行方式如图 3-4 所示，龙头企业是合作社与市场之间的桥梁，龙头企业直接与合作社签订长期契约，保证合作的稳定性，然后对接市场，获得利润。

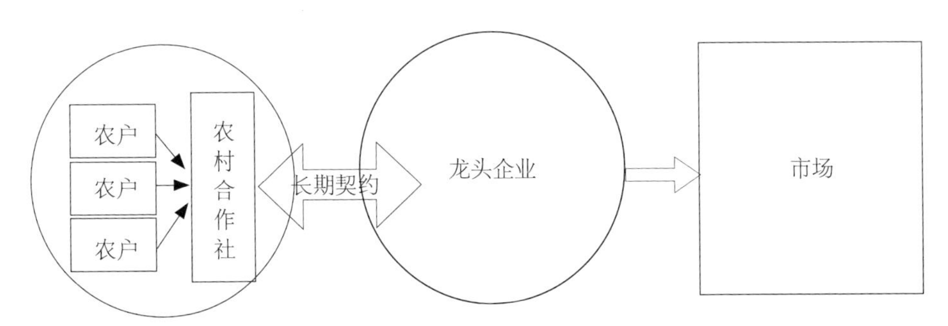

图 3-4 “企业 + 合作社 + 农户”复合型模式

3.“企业 + 合作社 + 农户”复合型模式的不足之处

在“企业 + 合作社 + 农户”组织模式的实践过程中，仍然存在一些不容忽视的问题。第一，存在隐蔽的“农转非”现象。在发展三产融合过程中，由于第二、第三产业带来的附加值大于第一产业，企业为了追求利益的最大化，对土地进行过度的开发，将农业耕地过多的用于非农建设用地，导致农业用地减少，农户被动地接受“农转非”，这对农户的长远利益来说是一种侵犯。第二，造成农村环境的破坏。在农业三产融合发展过程中，第二、第三产业将进入到农村发展，难免造成大量人员向农村转移，不管是工业造成工人的进入和生产的增加，还是服务业带来人员的涌入，都可能会造成农村环境的破坏，不利于农业三产融合的可持续发展。第三，农户难以真正得到土地承包经营权入股的全部权利。由于农村三产融合还没有形成标准化、规范化的组织模式，相应的制约机制也不完善，因此在实践过程中，难免会出现企业和合作社签订不平等条约的现象，而有些政府过分追求政绩，“睁一只眼闭一只眼”，放任不平等的现象不管，农户的权利难以得到真正实现，因而违背了三产融合发展的初衷。第四，组织内部存在利益分配的矛盾。由于企业和合作社代表不同主体的利益，合作社也不能满足所有社员的要求，同时又没有一个很好的协调组织对合作内部进行沟通和协调，所以在合作过程中，各方参与主体之间的矛盾的协调显得尤为重要。由以上四点可以得出，出现这些问题的本质原因是该模式缺乏有效的监督机制，因此，迫切需要第三方组织进入该合作模式，协调合作内部利益矛盾以及为三产融合创造一个更好的发展环境。

因此，运行过程中必须处理好两种利益关系。一方面是农村合作社与农户之间的利益关系。在农户自发组成的合作社中，大多数都是由农民中的精英发起，村治能人成为农村合作社发展的“领头羊”，对合作社的经营和决策有很大的影响。因此，村治能人必须代表全体社员的利益，协调好合作社内部社员之间的利益关系，从而更好地推动农村三产融合的发展。另一方面是农村合作社与龙头企业之间的利益关系。虽然合作社和公司在法律地位上是平等的，但相比于公司，合作社在管理经验、市场敏感度、知识水平等方面仍然处于弱势地位，因此必须建立平等公平的利益联结机制，才能保证合作的长久性，推动农业三产融合更有效率地发展。

专栏 3-1　农村“三产”融合的乾安模式①

春耕时节，正当别人纠结于 2017 年的地怎么种、种什么的时候，吉林省乾安县赞字乡敢字村农民刘辉却一身轻松。刚刚和乾天恒业集团签完土地流转合同的他，在拿到 1 万多元的土地流转收入后，还可以通过在企业打工再赚一份钱。在乾安像刘辉这样的农民还有很多。位于敢字村的乾安—寿光反季节蔬菜示范区项目，利用工业发电余热带动农业棚菜种植，进而拉动农村休闲观光旅游服务业，计划总投资 15.5 亿元。

近几年来，乾安县始终坚持现代农业发展方向，积极推进农业种植结构调整，不断壮大特色农业发展规模，并依托农产品加工企业延伸产业链条，打造全产业链模式，实现了三产融合发展，有力地推动了农村经济社会发展。2016 年，全县农村经济总收入实现 42.23 亿元，同比增长 9.67%；农民人均收入达到 1.54 万元，同比增长 10%，农业农村经济实现了跨越式的发展。

首先，精心打造特色基地为三产融合筑牢根基。走进余字乡列字村，

① 农村“三产”融合的乾安模式［J］. 南方农业，2017（13）.

田间地头的一栋栋葡萄大棚格外醒目。列字村种植葡萄的历史要追溯到十几年前，通过种植葡萄，很多农民实现了脱贫致富的目标。村民赵彦国共有6栋葡萄大棚，虽然种葡萄比种玉米更累，但效益却是玉米的10倍左右，6栋大棚每年收入10余万元，这让他感到这份辛苦付出得值得。据列字村党支部副书记周洪成介绍，由于种植时间长，农民的葡萄种植技术已经成熟。近几年形成规模后，销路也不成问题。“人无我有，人有我优”。在稳定粮食生产面积、保障粮食安全的前提下，乾安县不断引导农户科学调整种植业结构，做特色文章，突出建设了“黄小米，红辣椒，葡萄，糯玉米，杂粮杂豆，两瓜（西瓜、香瓜）”六大特色农业产业基地，特色成为乾安农业的一张新名片。目前，该县特色农业总面积达到5.23万公顷，占总耕地面积的29.2%，六大农业产业特色基地初步形成规模化、区域化格局。特色农业基地的发展为农民带来了高收益，这种高效益又强力推动了特色农业发展。2016年，乾安特色农业实现产值22亿元，在农民人均可支配收入中，特色农业收入占30%，成为农民增收的重要手段。紧扣供给侧结构性改革，乾安除全力推进特色基地建设外，还大力引导农民种植中草药。今年，全县板蓝根、柴湖、黄芪、菊苣4种中草药的种植面积就达1178.5公顷，使全县种植结构进一步优化。

其次，突出发展产业经营为三产融合提供支撑。在农村三产融合发展中，农产品加工业一头连着加工原料生产，一头连着加工产品市场销售。依托特色农业种植业，乾安特色农产品加工产业迎来了发展的春天，农业产业链条被拉长。在乾安县鳞字特色园区，天丰谷物种植专业合作社理事长张立群正忙着同农民签订单，他告诉我们，去年春季，基地与农民签订了2400公顷黄小米的订单，秋天按高于市场价（4.4元/千克）的价格回收。公司把这些黄小米进行加工包装后，再以7.0元/千克的价格销售出去，实现了公司有收益、基地有发展、农民有增收。相比于天丰米业的简单加工，乾羊牧业可以说真正实现了全产业链。项目以“种羊繁育改良、肉羊种羊交易推广、肉羊屠宰、羊产品深加工、农业产业化”五个基地为依托，正在发展成自主品牌研发、饲料加工、良种繁育、新品种研发、肉羊养殖屠宰销售、有机肥生产、皮毛加工、生物制品加工、优质饲料饲草种植为一体的综合性产业项目。与企业、农民的意愿相一致的，是乾安县近年来对农产品加工企业不遗余力地招商引资和扶持。在一份县里的农业生产规划书中记者看到，每一个产业基地建设计划后面都列出了依托的龙头企业名单，有的是计划招商引资企业，有的是重点扶持企业。依托龙头企业实施产业化经营，已经成为乾安县近年来推进特色农业发展的重要抓手。目前，乾安县农业产业化企业已达83户，其中省级龙头企业1户，市级龙头企业15户，销售收入达到25.2亿元。

第三节 “文化创意 +”生态旅游产业

一、生态旅游的缘起

随着经济的增长、科学技术的发展和社会的进步，一方面在人们生活水平日益提高的同时，人们的生活环境和生活质量却面临下降的威胁，广大旅游者对回归大自然、欣赏大自然美景、享受原野风光和自然地域文化的需求与日俱增；另一方面却面临着许多旅游区已不同程度地遭受污染和破坏的被动局面，对旅游资源的过度开发甚至掠夺式开发，对旅游区及旅游景点的粗放式管理，以及旅游设施的不和谐建设等，都损害了旅游业赖以生存的环境质量，威胁着旅游业的持续发展。如何使旅游业的增长与环境保护协调发展，怎样既发展旅游业，又保护好自然生态环境，既开发旅游资源，又保证其持续利用，诸如此类的问题迫切需要寻求新的解决办法和应对措施。在这种背景下，20 世纪 80 年代初期，生态旅游这一内涵丰富的概念应运而生。生态旅游被认为是目前能实现旅游业可持续发展的最佳选择，由于其尊重自然与文化的异质性，强调保护生态环境与使当地社区居民谋富，倡导人们认识自然、享受自然、保护自然，因此受到旅游界、生态保护界的广泛重视，一经推出就显示出强劲的发展势头，成为旅游市场中增长很快的一个分支。鉴于生态旅游的全球重要性，联合国把 2002 年定为“国际生态旅游年”，以鼓励世界各国通过开展可持续的旅游业来促进环境保护和经济发展，进一步唤醒世人对生态旅游的了解和重视。我国国家旅游局把 1999 年定为“生态旅游年”，其主题是“生态旅游环境”，内容为“走向自然，认识自然，保护环境”，标志着我国生态旅游系统工程的开端。生态旅游之所以能够在短时期内迅速崛起并迅猛发展，是因为有着深刻的时代背景和旅游市场内外的诸多原因。

（一）人类保护环境意识的觉醒

过去几十年，人们仅仅看到旅游业带来的巨大经济效益，缺乏对旅游与生态环境之间关系的科学认识，忽略了对旅游资源和生态环境的保护。旅游管理者没有对当地的旅游进行科学规划，即使制订了旅游规划，也未严格执行，导致了旅游业的盲目开发；旅游经营者片面追求经济效益，不考虑旅游地的环境容量和生态承载能力，游客严重超载，对脆弱的生态环境造成破坏；旅游者的生态环境保护意识淡薄，不保护旅游资源，随意丢弃垃圾，对自然环境造成严重的污染。

近年来，人们开始认识到旅游带来的负面效应，迫切需要找到一种优化的人与自然的关系，寻找一种经济发展、资源利用和环境保护相互融合的协调发展方式。伴随着全球生态环境问题的日益严重，人们的环境保护意识开始觉醒，经济发展和环境保护的结合已成为时代趋势，所以说生态旅游是人类环境保护意识觉醒并达到一定水平的必然产物。

（二）旅游业可持续发展的需要

可持续发展思想的产生在全世界引起了极大反响，许多经济活动开始接受并导入此理念，旅游业也在思考如何走上可持续发展道路。旅游业是资源依托型的产业，它的可持续发展有赖于对旅游资源的合理开发和永续利用。但是，传统的旅游发展模式却产生了许多制约其进一步发展的负面影响，导致了旅游资源品位下降、生态环境质量退化、旅游产品生命周期缩短等严重问题。人们逐渐意识到如果不改变旅游业原有的发展模式，必将导致旅游资源的全面退化乃至枯竭，使旅游业的发展空间受到极大限制。生态旅游作为一种对自然和人文旅游资源有着特别保护责任的旅游发展模式，可以减轻环境压力，实现旅游资源的可持续利用，保护旅游景观资源和文化的完整性，平衡经济利益，是实现旅游业可持续发展的一条绿色通道，因此得到了空前的关注和广泛的发展。

（三）旅游者出游动机的转变

随着社会经济的发展和人们生活水平的提高，旅游者对旅游产品的质量越来越挑剔，对走马观花式的观光旅游越来越不感兴趣。他们逐渐放弃老一套的旅游方式，掀起以追求新奇、崇尚自然、返璞归真为特征的“回归大自然”热潮。在旅游过程中，他们不喜欢受固定的安排，喜欢到自然地理区域去探险、到民风古朴的地方去探异，寻找新的旅游体验，而且关心自然生态和环境保护的人越来越多，在旅游过程中接受知识和文化的洗礼，在大自然的怀抱中陶冶情操、放松身心、增长知识、开阔视野。生态旅游以其目的的多样化成为旅游者热衷的旅游活动，参加生态旅游与开展生态旅游成为一种时尚。旅游相关部门为迎合这种新需求，也不断推出新的生态旅游产品来激发人们出游的兴趣。

（四）政府机构的大力支持

许多国际机构和组织都在支持不同类型的生态旅游项目，如世界银行、联合国环境规划署、世界自然基金会、泛美开发银行、美洲国家组织、美国国际开发署等。与此同时，发展中国家也越来越认识到生态旅游在赚取外汇并实现可持续发展方面的重要性，不少非工业化国家都将生态旅游作为其经济发展战略的组成部分。生态旅游的外汇收入在哥斯达黎加超过了香蕉，在坦桑尼亚超过了咖啡，在印度超过了纺织和珠宝，成为这些国家最大的外汇收入来源。

二、生态旅游的内涵

（一）生态旅游的概念

针对生态旅游（Eco-tourism）这一术语，不同国家学者从不同的地理、自然、文化、社会经济等角度对其内涵进行了不断的探索研究，到目前为止，在世界范围内没有得到公认的相关表述，生态旅游主张将生态环境保护与传统的旅游结合起来，是集保护自然环境与维护当地人民生活的使命于一体的旅游活动，是一种旅游资源可持续利用的最佳模式。由国际自然保护联盟（IUCN）特别顾问、墨西哥专家谢贝洛斯·拉斯喀瑞（H.Ceballos Lascurain）于 1983 年首次提出，并在 1986 年墨西哥召开的一次国际环境会议上被正式确定，得到世界各国的重视。

生态效益、经济效益和社会效益的最优值是生态旅游活动的追求目标，在尊重当地生态环境的基础上，发展当地经济，加快基础设施建设，实现旅游目的地生态旅游项目的可持续发展。培养旅游者学习、体验及保护当地自然环境、风土人情，或是在与自然环境相联系的文化背景中体验与城市生活截然不同的生活方式。

（二）生态旅游概念的演化

（1）自发意识阶段——人们自发地亲近自然、依赖自然，但这时的旅行行为并没有环境保护的意识。进入工业化时代的旅游作为游憩、消遣的主要方式成为一种普遍的经济活动，旅游者到相对自然的、清洁的空间去唤醒原始的生态意识，摆脱城市生活的喧嚣和压抑。这时，自然保护区成为旅游热点，但环境保护等意识尚未得到重视。

（2）环境保护阶段——20 世纪 60 年代后，环境问题突出，人们意识到旅游业并不是完全无污染的，没有控制的旅游行为不仅破坏了自然生态环境系统，也损害了当地社区的利益。人们开始追求一种最低限度的影响自然的旅游方式，生态旅游的环境内涵被提出并得到发展。

（3）可持续旅游阶段——可持续发展思想对生态旅游概念的充实和提高起着决定性的作用，它从更广更深的层次范围给生态旅游以立论。但生态旅游和可持续旅游从本义上是有区别的。可持续思想作为主流发展模式，成为衡量旅游活动持续性发展的准则。可持续旅游是生态旅游概念向前进化的第三个阶段，也是其内涵的完善和丰富阶段，它将生态旅游的自然观、环境观提升为伦理性原则，融合进可持续发展的思想，从而将生态旅游概念升华和扩大，并达到了基础意义上的可持续。

三、生态旅游的特征

与传统旅游活动相比，生态旅游活动有着不一样的特征与原则，而这些特征的表现反映的是生态旅游的实质，也是生态旅游有别于传统旅游的根本原因。

（一）高品位性

生态旅游的设计以遵循自然生态规律的原则为前提，追求人与自然的和谐共存。在传统旅游的基础上，生态旅游更需要因地制宜，根据地方自然条件与人文环境设计具有当地特色的旅游方式。

（二）自然载体性

生态旅游是自然生态环境与旅游者、开发经营者与当地居民相互作用而产生的，因此生态旅游的资源就包括纯自然资源以及人文景观。自然环境与旅游者、当地居民并不是孤立的个体，他们作为生态旅游开展中的三要素融为一体。而保护和尊重自然环境则是生态旅游活动开展的基础与前提。

（三）可持续性

生态旅游的物质基础是生态环境，环境保护是生态旅游得以开展必须遵守的前提条件。维护有限的生态资源可持续利用是当地居民与旅游者、经营开发者必须要担负起的责任。

（四）生态环保性

符合条件的地域是生态旅游项目的载体，不使生态环境遭到破坏是生态旅游开展的必要条件。遵循自然生态规律，追寻人与自然的和谐统一是旅游开发规划者必须要遵循的生态环保性原则。对于旅游开发商来说，在科学的开发规划基础上谋求可持续发展的投资效益，不以牺牲环境为代价来谋取利益，正确的认识尊重环境、保护环境在旅游项目中的价值；对于管理者而言，保护性体现在旅游资源环境容量范围内的旅游利用，杜绝短期的经济行为，谋求旅游业可持续发展；对于旅游者，保护性体现在环境意识和自身素质，珍视自然予以人类的物质及精神价值，使保护旅游资源及环境成为一种自觉行为。

（五）小规模性和简单性

生态旅游的开展是以游客融入自然环境的方式分散进行的，追求的是亲近自然、与自然和谐共处。这样就能很好地避免游客过于集中而造成的超过局部环境的承载力，极大地减少对生态环境的破坏。

从生态旅游的概念、特性总结来看，生态旅游是绿色、可持续的经济增长方式，最大限度地保持当地的生态环境，带动地区经济健康发展，对生态环境有较高的要求。而中国的广大农村地区，植被茂密、空气新鲜、田园生活舒适惬意，是开展城市后花园生态旅游的理想选择。而限于农村地区基础设施不完善、通信和交通不便利等因素，农村的宝贵资源得不到好的开发和利用。

四、生态旅游的理论体系探索

生态旅游作为一种能使旅游业实现可持续发展的新兴旅游模式，其理论体系复杂而具有特色。根据对生态旅游理论产生影响的重要程度，可将对生态旅游产生影响的一系列理论和方法归纳并概括为核心理论、支撑理论和相关理论三大类，即生态旅游的理论体系是由核心理论、支撑理论和相关理论三大类的一系列理论构成。

（一）生态旅游的核心理论

可持续发展既是生态旅游的指导思想，又是其最终目标。因此，可持续发展理论是生态旅游的核心理论，是生态旅游的灵魂所系，被认为是最基础的理论。

可持续发展理论是在人类社会的经济发展与生态环境出现了难以调和的矛盾，以及人类的生存环境面临严重威胁的背景下提出的，是在总结了发展与环境相互关系正反两方面经验和教训的基础上提出来的。具体包含三层含义，其一是生态可持续性，指维持健康的自然过程，保护生态系统的生产力和功能，维护自然资源基础和环境，要求经济发展与自然承载力相协调；其二是经济可持续性，主张在保护地球自然生态系统基础上追求经济的持续增长，利用经济手段管好自然资源和生态环境；其三是社会可持续性，主张长期满足社会的基本需要，保证资源与收入在当代人之间、各代人之间公平分配。

在可持续发展理论的指导下，生态旅游确立了社会效益、经济效益和生态效益协调发展的复合型目标体系，为旅游业的发展提供了一个崭新的模式，解决了旅游业与生态环境保护协调发展，旅游资源的可持续利用以及旅游收益的合理分配等一系列曾长期困扰旅游业的问题，从而使旅游业走上一条良性的、健康的发展道路。

（二）生态旅游的支撑理论

景观生态学和旅游经济学理论是生态旅游的支撑理论。景观生态学的研究重点是人类活动对景观的生态影响和生态系统的时空关系，注重对景观管理、景观规划和设计以及空间结构与生态过程的相互影响的研究。景观生态学还以人类对景观的感知作为景观评价的出发点，通过自然科学与人文科学的交叉，围绕建造宜人景观这一目标，综合考虑景观的生态价值、经济价值和美学价值。

景观生态学有着强烈的实践性，是一门空间生态学，是生物生态学与人类生态学的桥梁。它以人类对于景观的感知作为评价的出发点，追求景观多重价值（经济、生态、美学）的实现，重点研究生态系统的空间关系以及格局与过程的关联性。生态系统在空间的分布可用斑块、基质的模式来表达，异质性是景观系统的基本特点和研究出发点。

旅游经济学的研究对象则是由旅游者的空间移动引起的旅游客源地、旅游目的地和旅游联结体三者运动而表现出的经济现象、经济关系以及经济规律。旅游经济学从分析旅游需求和旅游供给的形成、变化及矛盾运动入手，揭示旅游经济活动的基本经济因素和经济关系，并对旅游市场的类型和特点、旅游价格的构成和变化以及策略、旅游产业结构和经济效益进行分析和研究，为旅游经济活动的有效实现提供科学的理论指导，为制定旅游业发展方针、政策和法规提供理论基础。

景观生态学的相关理论为生态旅游资源的开发、利用、管理和保护提供了理论依据和运作方法，而生态旅游市场的供求平衡及其利益目标的实现则要依靠旅游经济学相关理论的指导。缺乏旅游经济学理论的指导，生态旅游就会失去市场空间；没有景观生态学理论作为指导，生态旅游就难以实现可持续发展。因此，景观生态学和旅游经济学是支撑生态旅游理论的两大重要基石。

（三）生态旅游的相关理论

生态旅游是综合性、关联性很强的旅游，因此生态旅游的理论基础也必然是涉及多学科的多元化理论。对生态旅游者行为和需求的研究涉及市场学、心理学、社会学、人类学、美学等方面的理论；对生态旅游资源的研究涉及旅游资源学、旅游地理学、环境科学、生态经济学以及相关的开发规划理论；对生态旅游业的研究则涉及企业管理和发展经济学等方面的内容。因此，生态旅游的相关理论就涉及市场学、心理学、社会学、人类学、美学、旅游资源学、旅游地理学、环境科学、生态经济学、规划学、管理学、发展经济学等。

五、生态旅游开发的意义

(一)促进我国农业的可持续发展

众所周知，农业是我国国民经济的基础。长期以来我国就是一个农业大国，然而在经济高速发展的今天，我们要如何突出农业发展的优势，促进我国农业的可持续发展，是摆在我们面前亟待解决的重要问题。生态农业旅游是生态农业和旅游业的有机结合，处在结合点上的生态农业旅游一直以农业的可持续发展为准则。尽管有时产生生态农业的有形产品减少，导致它比一般较低成本的农业的经济效益低下，但是一般来说，生态农业在没有化学污染条件下，有形产品能获得更好的质量、更高的价格，并且在发展生态农业旅游的时候，可以同时带来农业和旅游业的经济效益，两者相互促进发展、良性互动。

(二)促进新的经济增长点

前面已经提到生态农业旅游是旅游业和生态农业的结合，并且它们的结合还能促进两个产业相辅相成，达到资源的最优配置。这样的发展不仅能促进生态平衡，还能改善我国农村地区的环境，在保护环境的同时发展农村经济。这样的发展模式不仅能形成一个主导产业，还能以一个产业带动周边地区的其他产业共同发展，为农村经济的发展寻找到新的经济增长点。

(三)改变农民生活质量

我国是一个农业大国，作为一种旅游形式的生态农业旅游，不仅可以在保护农业环境的基础上发展农村经济，也可以为城市和农村居民的交往提供平台。促进城市和农村的密切交流，使农民的思想观念发生转变，发展生态农业旅游，吸引城里人到乡下来旅游，成本低，收效快，能为农民带来可观的经济收益，在提高农民经济的同时，促进农村的文化、娱乐等行业的发展。

(四)形成农业多元化发展

过去人们往往忽视了农业协调人与自然和谐相处，如在气候调节、生态环境改善和空气净化等方面的功能，只注重在农业生产方面的作用，长期以来把单纯地提高农产品的单位产量作为首要任务。发展生态农业旅游不仅能促进农业的发展，也能带动旅游业的增长，生态农业旅游是农业与旅游业的有机结合，在生产农产品的基础上，还能带动周边地区文化娱乐的发展，综合效益整体地提升。在发展生态农业的道路上，通过大农业这个主导产业的带动，能打破农村地区经济几千年来的封闭或者半封闭的状态，引导农业经济产业结构的调整，走向开放格局的农业转化模式，符合市场发展的需要，不断地通过学习、借鉴来调整我们的产业结构，促进农村经济的发展，加快农民的增收模式。加强国际交流与合作，真正地用科技来带动农业、用科技来发展农业，实现科技是第一生产力的需求。在发展的过程中，那些率先尝到科技甜头的地区和农户不仅会加大科技的投资力度，也会带动周边地区的发展，促进整体农业经济的发展与成长。

六、国外生态旅游产业发展模式

国外农村生态旅游发展较早且成熟，不同的国家的发展方向和程度都不尽相同。一般来说，各国是根据自己国家的条件及发展水平将多种农村生态旅游的发展模式进行融合，致使各国农村生态旅游模式呈多样化。本章将具体分析几个国家的优秀模式，希望能从中受到启发，更好地建设我国的新农村生态旅游。

（一）日本

与中国国情类似，20 世纪 80 年代，日本农业现代化逐步实现，农村发展面临着转型的压力。日本的农村生态旅游在体验经济和生态农业概念的发展与传播的推动下发展迅速，现已成为日本农村和农业发展的支柱产业之一。

1. 体验型

旅游者参与农村生活方式，组织游客和当地农民一起劳作，在以种植业为主的乡村，游客可以体验春天播种、秋天收割的乐趣；在以林木业为主的乡村，游客可赏四季花，观各色叶，摘尝百果；在以养殖业为主的乡村里，游客出海捕鱼，加工海产品等。真正能够体会不一样的人生，才是游客们所追求的。

2. 艺术型

艺术在旅游方面的吸引力长期被大家忽略。而在日本，早年间就推出“一村一品”的活动，要把农村建设成不亚于城市的强磁场。越后妻有大地艺术祭是 20 世纪 90 年代后半叶日本政府在经历经济泡沫化冲击后，试图振兴地方产业的一项意外成果。日本地方试图通过艺术和文化手段，重振一个在现代化进程中逐渐衰老化的农业地区。2000 年开始，越后妻有大地艺术祭每三年举办一次，鼓励艺术家进入社区，融和当地环境，创造与大自然共生的艺术作品。当地人们也有了和艺术家、参观者交流沟通的机会，艺术节将整个地区火热化了起来。

3. 教育型

这种农村生态旅游类型主要针对的是日本的中小学生。主要目的是鼓励青少年参与农业劳动体验，无论是对孩子还是对关心孩子健康成长的家长们都具有极大的吸引力。例如，日本水果之乡青森县的川牧场有一所国际青少年旅游组织的招待所，参加活动的青少年在有关人员的指导下去奶场挤奶、去草场放牧或去果园采摘。这种旅游方式既能回归自然、学新知识和结交朋友，又能换一种生活方式，使身心都得到调整和放松。

（二）澳大利亚

澳大利亚是地球上最大的海岛，气候温和，自然风光美不胜收，被誉为最适合居住的国家之一。地广人稀，草原繁茂，畜牧业也成为这个美丽国家的风景线，这些远不是澳大利亚成为旅游魅力国家的全部理由，上天似乎特别青睐这里，在城市快速发展、生态环境遭到急剧破坏的现在，澳大利亚还保留着许多远古时期的物种，吸引着人们去一探究竟。旅游业发达的澳大利亚在进行生态旅游开发的模式上有很多值得我国借鉴的地方，本章主要分析几种适合在我国开展的农业生态旅游模式。

1. 生态自助游

地广人稀的澳大利亚，交通状况良好，许多当地人都会选择自助游出行。政府顺应了这种自发旅游的形式，加修了沿线自助游所需的配套设施如停车场、旅馆等方便旅客出行。澳大利亚的汽车旅馆业非常发达，虽然规模不大但设施完善、价格公道，与传统意义上的酒店对比别有一番风味，能让自助游客们无后顾之忧地尽情享受乡村小镇的惬意与魅力。管理部门也沿景点布置了免费服务咨询机构，以便解决旅途中的突发状况，免费为前来度假的旅客提供咨询服务。不但如此，为了吸引更多的游客，澳大利亚政府在当地的地图、交通图上都做了相应旅游景点的标注，一目了然。政府也会免费在旅游场所设置一些电烤炉、桌椅、卫生间等设施，为自助游的游客们提供服务。这些细小的服务联合在一起，形成了澳大利亚自助游的便捷通道网。除此之外，最为重要的是澳大利亚自助游不仅是在游玩方面的自助，更是在生态方面的自助。旅游开发者尽可能地保护了乡村小镇的传统与历史，游客们也在与乡村亲密接触之后把自己的垃圾带走，每个人都成为乡村旅游的生态保护者。这种便捷、安全、绿色的出行才能算是真正意义上的旅游。

2. 农场、农庄游

游客们可以通过互联网联系预定属于自己个性化的农场、农庄游。许多农庄靠近美丽的湖泊或森林，可以让游客真正体验到最原汁原味的农庄生活。如在南昆士兰的郊区，游客可在农庄住宿，很多度假屋都是建筑在灌木林里或葡萄园内，不仅环境优美且只需支付少许费用。也有很多游客利用假期去分布于澳大利亚各地的九百多个农场体验耕种的乐趣，在牧民的家里可以观看用现代化的方式挤牛奶，游客还能帮牧民干活，品尝各式乳酪，参与剪羊毛、挤牛奶或摘提子等活动。

七、国内生态旅游产业开发的模式

（一）城郊型农家乐模式

农家乐是一种新兴的旅游休闲形式，一般来说，在农家乐的周边都是美丽的田园风光，自然环境受污染程度较低，其开发模式主要是为了满足旅游者的休闲娱乐需求，投资的成本一般不会太高，相对的消费也偏向大众化，所以，比较吸引都市人群，短暂地回归大自然，享受农家风光。大部分的农家乐位于城市郊县，依托于城市的区位优势、市场优势，城郊区域可形成一批规模较大、发展较好的环城市乡村旅游圈。旅游产业是一个多种产业相融合的产业，在各种产业布局中，城郊乡村旅游应与生态旅游紧密结合的现代农业、休闲度假和特色购物形成基于乡村特色风貌的农业、旅游业、商业“三业合一”发展模式，成为代表未来城郊农家乐乡村社会经济发展的一种重要模式。

目前小规模的农家乐主要是农户单独经营或农户之间相互合作的模式，农户之间相互合作，大多农户不愿把资金或土地交给公司来经营，他们更信任那些“示范户”。如果其他发展情况较好的农户带动大家发展，农户们是比较乐于主动接受，加入到农家乐旅游开发的行列中去的。这种开发的成本投入相对较低，主要的是少了商业化的投入，游客也能以最低的消费去感受到真实的田园风光和农家风情。成本投入低虽然能满足大众的消费需求，但是也会因为投入低的原因而限制了它的发展和管理，这也导致了带来的经济效益是有限的。大规模的主要由公司和农户合作，或者是政府、公司、旅游协会、农户等几者之间相互开发的模式。这类农家乐发展模式可以整合各个环节中的优势资源，政府可以在政策和大环境上给予农家乐发展支持，公司、企业的加入，可以为农家乐的发展提供雄厚的资金支持。

1. 文化民俗型发展模式

这类旅游发展模式，需要具备浓郁的民俗文化氛围，独特的建筑风格、风俗习惯以及浓厚的历史文化气息。这类旅游开发资源基础丰富，特点鲜明，区域性较强，发展优势明显。同时由于投资少、见效快，逐渐成为少数民族聚集区经济发展中新的增长点和旅游亮点，得到当地政府的大力支持，也受到国内外旅游者的推崇。但是在旅游开发和文化保护过程中有诸多的矛盾，也相对限制了旅游的发展。在开发过程中，既要注重历史文化、民俗习惯的保护，也要兼顾经济效益的发展。在民俗文化开发过程中，随着开发的深入，现代文化和市场的冲击，越来越多的问题开始暴露出来。

（1）文化的特性开始逐渐消失。随着现代文化的冲击，地方特色文化开始逐渐消失，失去了自己原本的独特性。旅游的发展必将会改变当地的交通，地域的封闭性被破坏，频繁地与外界进行文化交流，减少文化的吸引力。

（2）商业化过于严重。部分景区为了发展旅游，吸引外地游客前往观光消费，复制、甚至仿制其他地方的文化风俗习惯，改造当地的文化环境，盲目地模仿他人导致失去了自我的特色，传统的习俗被改变，淳朴的民风在市场的冲击下也变得商业化。更有一些专门的商业机构，把对游客展示的舞台作为一种纯粹的商业模式，为了迎合游客的需求而去开发、挖掘一些低俗的文化。在旅游开发的时候，特别是在民俗旅游开发的时候，我们也需要"去其糟粕，取其精华"，不能为了发展经济而去改变自己的文化。

（3）不合理和破坏性的开发。部分景区处于不合理开发或者过度开发状态。例如，一些地方搞旧城改造，拆毁古建筑，建设仿古一条街，打着开发的旗号行破坏之实。还有些景区不合理地将居民大量迁出，忽略居民作为古村镇文化载体的重要意义，失去了传统的居民支撑的历史村镇，旅游成为“无本之木，无源之水”。

2. 科技主导型发展模式

在这种发展模式中，以科技力量作为主要力量，开发农业生态产品，生态农业旅游资源的科技含量特别高，它区别于城郊农家乐的开发形式，因此一般都是大规模地开发，不适合于小规模的城市或者城郊地区的生态农业旅游的构建。它在发展中注重生态与科技的结合，挖掘生态农业旅游资源，将科技与农业以及休闲旅游有机地结合起来，相互依存、相互促进。

近年来，我国启动的国家科技园区建设促进了我国一批科技园区的发展，加速了我国现代农业发展，展现了农业风貌，形成了集教育、体验、观光、展示为一体的现代乡村旅游业，是我国未来发展乡村旅游的重点方向。营造各种各样的农村自然景观，打造多彩多姿的农业观光产品，这些都是现代仿生仿真技术和生物技术等高科技对于乡村旅游所做出的贡献，也就是说，科技对于乡村旅游的支撑表现方面也是多种多样的。科技既丰富了乡村旅游的观赏内容，也对农业科技的科学普及起到了推动作用。在以科技作为主要动力的生态农业旅游开发模式中，又包含了以下几种具体的开发模式。

（1）农业科技示范园区模式。农业科技示范园区模式是以农业科学技术为支撑，进行的农业科技教育基地建设。农业科技观光旅游兴起时间较早，一般是以当地政府或企业投资开发建设的大型农业综合项目为依托，管理模式上基本是统一地研发、生产和旅游观光。此类型是典型的科研和旅游相结合模式，开发中既要满足旅游者对农业科技了解的目的，又要充分考虑到旅游者休闲娱乐的要求，实现“农业科技旅游”为主线的特色农业旅游体系建设。新加坡政府在农业旅游中投入了大量的先进科技，利用生物学、光学等最新的研究技术，在科技园区的建设中，大量采用无土栽培、计算机自控蔬菜基地种植环境等，这些都吸引了大量的游客前去游玩。

（2）科技引导的产业旅游模式。科技引导的产业旅游模式，实现了“一产”农业和“三产”旅游业的互动发展，形成科研单位、农业科技单位带头，产业联动，农户参与的区域特色农业观光旅游开发。先进的科技与旅游业结合应用于农业，不仅能够让农业和旅游业相互带动发展，更能使科技带动农业的转型，农业促进科技的更新与创造。两者有机地结合能构成农村新的发展产业格局，为我国新农村的建设提供更多的技术支持和理论指导。这种新的发展体系值得我们深入地研究和实践以及加大推广范围。产业旅游模式通过特色产业集群发展，建立区域共同主题，从更为宏观的角度看旅游发展，在经济上打破了传统乡村的地域。

（3）高科技农业生态旅游模式。高科技农业生态旅游模式是指开发中利用科技优势，开发农业生态产品，借助田园景观、自然生态及环境资源，增进农业生态旅游的体验性及旅游产品的高端化。发展中要特别注意突出科技与生态特色，实施旅游生态工程，发掘农业旅游资源，将农业文化、科技产品展示与农业景观建设以及休闲旅游服务密切融合起来。

3. 特色创新型发展模式

以传统民间艺术的创新理念来发展新型农业生态旅游，也是常见的一种旅游发展模式。可以对传统的手工艺品进行创新，结合目前流行的文化元素，通过对传统民间艺术的旅游开发，有利于提升乡村旅游产品档次，提升文化品位，满足游客的需求，带给游客独特的精神享受。从这个角度上来看，传统民间艺术的创新型旅游开发是民族地区旅游业发展的重要源泉。另外，很多传统民间艺术具有易包装、易被旅游者接受的特点，便于直接开发为旅游产品，经过包装和市场运作，可成为当地旅游产业中可持续发展、具有显著社会效益和经济效益的优秀旅游品牌。特色创新的发展，一个重要方面就是文化的特色创新。在这个过程中以文化的创意为主要改造方面，同时带动其他基础设施的建设和完善，带动周边产业的同步发展。文化产业园是文化特色创新发展的结果，在产业园中，聚集着大量的民间传统手工艺人，甚至是非物质文化传承人，共同为游客创建集游览、休闲、体验于一体的综合艺术园区，既提升了旅游整体的影响力，也加大了园区对游客的吸引力。

为了响应国家号召，各地开展的新农村建设，融合新农村建设的生态农业旅游开发模式，也是一种特色创新型的发展模式。特色创新型的发展模式有别于传统意义上的农业旅游开发，共同的特点就是在发展农业的同时，带动当地的旅游业增长，从而带来经济效益，重点和目标点都是提高经济的发展。特色创新的发展模式不仅能提高经济水平，更重要的是能丰富当地的软实力，提高当地文化水平素质，加快当地用科技来发展农业、用科技创新来增加新的旅游吸引力。

第四章

“文化创意+”生态环境融合发展的路径

基于前三章节对文化创意产业与生态环境的深度阐述和具体描述，本章节将根据生态环境系统、产业发展系统和人居环境系统三大维度的现实发展需要及未来发展趋势，提出针对生态环境发展的几条可行性建议。

第一节　加大生态环境整治力度，保证生态环境健康发展

一、实施最严格的水资源管理制度，确保水生态系统的健康

水资源是生命之源、生产之要、生态之基，实现水资源的高效利用与有效保护，不仅是实施乡村振兴战略、全面建成小康社会需要关注的重大问题，更是关乎生态文明建设战略实施、人类健康生存与延续、人类社会进步的战略性问题。

（一）强化环保执法，减少工业企业对水生态系统的污染

中央环保督察开展以来，对全面推动生态环境保护发挥了积极作用。新时代，水生态系统面临的污染风险依然存在，为此，需要加大环保执法力度，一方面促进工业企业对其技术进行生态化改造，减少污水排放；二是对违规排放污水的企业进行严惩，改变过去以经济手段对工业企业进行处罚的方式，代之以法律与经济相结合的手段，根据其排污行为所造成的污染后果，追究污染主体的法律责任，同时再处以经济重罚。此外，建立中央环保督察的长效机制，对基层政府行为进行震慑，减少因盲目决策导致的水生态系统污染。

（二）加强水生态治理，提升水生态系统服务能力

水治理的根本在于水生态建设和保护。理论上来讲，自然界的淡水总量是大体稳定的，但一个国家或地区可用水资源有多少，既取决于降水多寡，也取决于盛水的“盆”大小。做大盛水的“盆”是提升水生态系统服务能力的根本。习近平总书记曾指出，要尽量减少对自然环境的污染，不能超过其承载能力，对生态环境遭到破坏的地方，进行合理、适度的修复。因此，应采取系统论的思想，统筹自然生态各种要素，将山、水、林、田、湖、草作为一个生命共同体，把治水与治山、治林、治田、治湖等有机结合起来，在对水生态进行保护

的同时，加大治理力度，提升水生态系统的服务能力，为乡村振兴战略提供保障。此外，中央经济工作会议提出，只有恢复绿水青山，才能使绿水青山变成金山银山。对此，需要特别关注两点，一是要遵循生态学规律，宜林则林，宜草则草；二是要根据国土空间的实际，科学规划恢复绿水青山的范围及重点，相关部门不能盲目下达任务。

（三）推广农业节水技术，提高农业用水效率

节水优先，是基于中国水资源短缺的现实以及水资源利用浪费的实际，从倡导全社会节约每一滴水入手，提高水资源利用效率，从而在全社会营造一个节约用水的良好氛围，进而实现以最小的水资源消耗获取最大的经济社会生态效益的目标。对我国农业生产而言，较高的农业用水比例也预示着我国农业用水具有很大的节水潜力。为此，需要根据不同区域的气候条件、水资源条件等，明确农业节水的重点区域，并注重不同区域的技术开发与集成，推广农业节水技术，提高农业用水效率。

（四）加强最严格的水资源管理制度的执行力度，保护水生态系统稳定

2012年《国务院关于实行最严格水资源管理制度的意见》提出，要严格控制用水总量、全面提高用水效率和严格控制入河湖排污总量“三条红线（水资源开发利用控制红线、用水效率控制红线、水功能区限制纳污红线）”，以加快节水型社会建设，促进水资源可持续利用。基层调研发现，新形势下，我国水生态系统污染依然严重，面临的污染风险短期内难以根除，治理水资源污染任重而道远。为此，应根据最严格的水资源管理制度的要求，严格执行水资源管理的“三条红线”，确保农业生产对优质灌溉用水的需求。在严防工业企业对水生态系统污染的同时，应从实现农业绿色转型发展着手，控制农业面源污染对水生态系统的污染。

（五）创新水资源管理机制，加强污水治理力度，实现水资源的可持续利用

习近平总书记提出的“节水优先、空间均衡、系统治理、两手发力”治水思路，对水资源的可持续利用与管理具有重大而深远的现实意义。因此，应深刻学习领会习近平总书记提出的治水兴水新思想、新思路、新要求，按照“节水优先、空间均衡、系统治理、两手发力”十六字方针的要求，开展治水理论

研究，提出更为具体的实施方案、措施和对策。同时，制定最严格的水资源管理制度，守住水资源的"三条红线"，为实现中华民族伟大复兴的中国梦提供更加坚实的水安全保障，为子孙后代留下生存发展的资源和空间。

二、实施最严格的耕地保护制度，提高耕地生态系统服务能力

耕地生态系统是国家粮食等农产品安全的重要保障。因此，需要实施最严格的耕地保护制度，全面实施耕地生态系统的保护，提高耕地生态系统的健康水平与服务能力。

（一）全面落实耕地保护制度，稳定耕地面积

在工业化、城镇化背景下，耕地占用的风险持续加大，占用的面积会呈现刚性递增态势，在短期内难以出现拐点。18 亿亩耕地红线必须严防死守，这是保障国家粮食安全的根基。基层调研发现，对优质耕地无序、违规占用现象普遍存在，企业圈地"跑路"现象时有发生，长此以往，将会严重威胁到国家的粮食安全。2017 年 1 月，中共中央、国务院印发了《关于加强耕地保护和改进占补平衡的意见》（中发〔2017〕4 号），对新时期加强耕地保护和改进占补平衡做出全面部署。党的十九大报告指出，要完成生态保护红线、永久基本农田、城镇开发边界三条控制线划定工作。因此，需要依据最严格的耕地保护制度，采取耕地占补平衡、永久性基本农田划定等相应措施，实现耕地资源数量的动态平衡。

（二）建立中央耕地督察机制，解决耕地资源保护中的违规问题

一些基层政府在执行国家耕地保护政策时，不是全方位执行，而是钻国家政策的漏洞，变相占用优质耕地，如对永久基本农田的划定。"划远不划近""划劣不划优"等问题相当严重，特别是山地丘陵地区，基本农田上山、下川。针对耕地资源的保护，国土资源部门也采取了一些专项巡查措施，在一定程度上解决了部分问题。因此，建议借鉴中央环保督察的成功经验，尽快成立中央耕地督察委员会，并建立相应的长效机制，在全国范围内开展耕地保护督察行动，并建立督察信息公开机制，接受公众的监督。

（三）通过技术与制度融合，提高耕地生态系统的健康水平

前面已经提到，我国耕地质量总体偏低，而且伴随着耕地土壤污染，耕地生态系统健康水平以及服务能力难以满足新时代化解社会主要矛盾的需要。为此，需要通过技术与制度的有效融合，对耕地土壤污染进行修复，提升耕地生产能力，以保障国家粮食安全。一是从技术层面减少和治理耕地土壤污染，包括测土配方施肥技术、土壤污染治理技术等；二是从制度层面保障耕地恢复活力。扩大轮作休耕试点范围，健全耕地休养生息制度，采用市场化、多元化生态补偿机制等措施，促进耕地活力的恢复；三是根据绿色发展理念需求，通过创新监管体系，规范农业生产资料的生产行为，从源头上解决农产品生产中生产资料投入带来的污染。

第二节　防治产业发展系统污染，保障生产系统健康水平

一、重构产业发展模式，减少面源污染

我国农业面源污染的来源众多，如在农业生产过程中，不合理使用化肥、农药、畜禽（水产）养殖废弃物、农膜残留、农作物秸秆、城镇居民生活垃圾、污水等造成的水体、土壤、生物和大气的污染。加强农业面源污染治理，是转变农业发展方式、推进现代农业建设、实现农业可持续发展的重要任务。

第一，实施化肥零增长和农药零增长行动。树立绿色增产的理念，大力推广科学施肥，提高用肥的精准性和利用率，鼓励农民多使用绿肥和农家肥。重点是扩大测土配方施肥使用范围，推进配方肥进村入户到田。同时，要积极推进新型肥料产品研发与推广，集成推广种肥同播、化肥深施等高效施肥技术。加强对农药使用的管理，强化源头治理。全面推行高毒农药定点经营，建立高毒农药可追溯体系。实施好低毒低残留农药使用试点，逐步扩大补贴项目实施范围，加速生物农药、高效低毒低残留农药推广应用。

第二，大力发展节水农业。通过加强节水农业示范，积极推广节水品种和水肥一体化、循环水养殖等技术，全面提高水资源利用效率。积极推进农业水价综合改革，推进流域水生态保护与治理，开展太湖、洱海、巢湖和三峡库区等重点流域农业面源污染综合防治示范区建设。

第三，推进养殖污染防治。统筹考虑环境承载能力及畜禽养殖污染防治要求，科学规划布局畜禽养殖。推行标准化规模养殖，配套建设处理利用设施，改进设施养殖工艺，完善技术装备条件，鼓励和支持散养密集区实行畜禽粪污分户收集、集中处理。

第四，着力解决农田残膜污染。加快地膜标准修订，严格规定地膜厚度和拉

伸强度，严禁生产和使用不符合标准的地膜，从源头保证农田残膜可回收。加大旱作农业技术补助资金支持，开展农田残膜回收区域性示范创新地膜回收与再利用机制。

第五，深入开展秸秆资源化利用。支持秸秆收集机械还田、青黄贮饲料化、微生物腐化和固化炭化气化等新技术示范，研究出台秸秆初加工用电享受农用电价格、收储用地纳入农用地管理、信贷扶持等政策措施。加快建立秸秆收储运输市场化机制，降低收储运输成本，推进秸秆综合利用的规模化、产业化发展。

二、创新监管机制，规范农资主体、农业主体的生产行为

对农资生产主体而言，其规范的农业行为可以从源头上解决农业生产中的污染问题。其一，在化肥生产方面，要根据农业部推行的测土配方施肥的要求生产满足区域需要的肥料；在农药生产方面，应杜绝剧毒农药的生产，加大生物农药的技术推广。其二,一旦发现生产国家明文禁止的农药的行为，应严厉处罚，决不能手软。其三，在农用地膜生产方面，推广可降解薄膜生产技术，降低其生产成本。其四，在饲料生产方面，杜绝铜、锌、砷等重金属元素的添加，以减少随养殖废弃物进入土壤或水体对其造成的重金属污染。

通过加强监管，逐渐规范农业生产主体的生产行为。首先，要加快制定严格的农产品质量标准体系，使产前、产中、产后的质量监督、管理都能与国际市场接轨；其次，要建立与完善农产品生产的服务体系，提高农产品生产化解自然和市场风险的能力；最后，强化农产品质量的安全检测监督。建立一支专业技术人才服务队伍，发挥其在农产品质量检测中的作用，强化检测监督力度。

三、创新回收机制，实现农业废弃物资源化利用

（一）实现农业废弃物的循环利用

我国对农业废弃物资源转化利用的方式主要体现在对农业废弃物的循环利用过程中。整体来看，农业废弃物的资源化利用不仅与资源的再利用和环境安全息息相关，同时与农业的可持续发展和新农村建设都有着紧密的联系。树立农业废弃物的循环利用思路，符合当前国家对资源的主观方向，促进生态系统的稳定循

环过程。在利用农业废弃物的过程中，应遵循生态循环原理建立种植和养殖业，构成稳定的生态循环系统发展模式，协调农村发展的新模式，帮助农业产业及新农村逐步实现具有循环社会特征的农村小康社会。经过国家对农业废弃物资源化的循环利用的研究，农业废弃物的循环利用已经形成了较为完善的体系，促进了农业产业链条的延伸过程，提高了农业废弃物的资源利用效率，减少了资源浪费现象，对国家经济的持续稳定的发展具有较为重要的意义。

（二）建立健全农业废弃物综合利用的法规和政策

为了更好地促进我国农业废弃物的合理利用，政府部门应针对农业废弃物资源化利用给予相应的便利条件和支持过程，因此应建立健全的农业废弃物综合利用的法规和政策，给予应有的管理和扶持方法来提高对农业废弃物的资源利用效果。政府对农业废弃物资源化利用的发展辅助可以更好地推动我国农业废弃物的综合利用过程，以健全的相关政策法规来促进农业废弃物的综合利用过程。例如，通过减免税率和低价融资等方式来鼓励和引导社会对其进行投资，建立合理的产品质量标准，加快农业废弃物资源化利用过程。

（三）加快推进农业废弃物综合利用的产业化进程

为了促进农业废弃物的循环利用，加快推进农业废弃物的综合利用的产业化进程，加速社会经济发展和科学技术发展相互融合，促进农业现代化和产业化的融合进程。很多具有规模的农场养殖场等随着社会科技的快速发展也已经充分实现了对废弃物的综合利用，加快了产业的发展进程。针对这种现象，为了更好地提高农业废弃物的资源化利用效果，政府应建立合理的法律法规来优化农业废弃物资源化利用方式和管理过程，制定适当的优化鼓励政策来延长农业产业链，发展循环经济模式，推动农业废弃物的综合利用，逐渐实现规模化、标准化和高效化的深度发展状态，从而实现农业废弃物的产业化发展战略目标。

（四）建立健全农业废弃物综合利用的监测、预警体系

当前我国对农业废弃物管理体制和相关标准的执行能力较差，主要原因是没有完善的农业废弃物综合利用的检测和预警体系。因此应建立完善的农业废弃物综合利用的监督管理体系，实现对环境污染等情况进行及时的反馈和预警，当污

染程度达到警戒值时，所建立的预警检测系统会依据相应的法律政策来实现对资源的强化管理，促进农业废弃物的再循环利用过程，有效降低污染处理成本。当污染值超标时，相应的监督管理部门应对相关企业进行教育和引导，并按照相应的法律法规进行合理的惩罚，保证实现对废弃物综合利用的合理检测过程，引起企业对农业废弃物资源化利用管理过程的高度重视，对系统所得到的反馈信息进行及时的处理，对平时的管理过程进行完善，加快农业废弃物的综合利用系统的完善和可持续发展。

第三节　健全生态治理机制，提升人居环境系统健康水平

一、稳步推进生活垃圾分类处理

伴随我国工业化和城镇化进程的加快，城市规模不断扩大，人口逐年增加，相应的生活和生产垃圾量剧增，带来了诸如占用土地、土壤污染、水污染、生态污染等弊端，引起严重的社会和经济问题。

目前我国解决垃圾问题的主要方式是末端处理。这种处理方式难以从根本上缓解垃圾处理的压力。一方面，末端处理投资大、费用高，建设周期长，经济负担沉重；另一方面，末端处理往往会产生新的污染物，不能从根本上消除污染。对于垃圾问题要从末端处理转向源头管理，促进源头减量，控制并减少垃圾的产生量。例如，限制过度包装，鼓励净菜上市等，都能在源头有效减少垃圾的产生量[①]。

“垃圾围城”危机，已严重影响到了城市环境和社会稳定。而生活垃圾处理是城市管理、环境保护和公共服务的重要组成部分，是社会文明程度的重要标志，更是关系民生的基础性公益事业。因此，由末端治理向源头治理转变，是推进生活垃圾处理有效的方法。

首先，加大宣传力度，强化引领示范作用。要求党员干部、居民骨干、社区工作者积极参与到垃圾分类投放活动中，自觉进行垃圾分类，带动家属积极参与。其次，制定垃圾分类指导考核细则、考核标准，建立奖惩考核机制。再次，应该在垃圾回收箱的设计上更加注重人性化和科学化，垃圾箱制作过程中，就应该标注有“金属、塑料、硬纸”等显著性标示，让市民一目了然、便于操

① 张英民，尚晓博，李开明，等．城市生活垃圾处理技术现状与管理对策［J］．生态环境学报，2011（2）．

作，培养垃圾分类习惯。最后，引入市场资本开展垃圾回收产业的研究，改变传统单一由环卫部门采用填埋和焚烧方式处理垃圾的做法。目前来看，对于垃圾的处理主要是填埋方式，调研发现，中部地区或西部地区对于垃圾的处理较少采用焚烧发电的方式，一方面由于垃圾供给量不大，另一方面则是由于地方财政资金的配套不足，难以实现焚烧发电。为此，应该遵循循环经济发展理念，全面利用废旧商品回收利用、焚烧发电、生物处理等生活垃圾资源化处理方式。重点建立垃圾处理设施生态补偿机制，明确补偿对象、补偿标准，突破现有垃圾处理只在本行政区处理的限制，研究跨区域垃圾处理的可行性，对于跨区域垃圾处理采取征收补偿费的形式，对垃圾处理设施属地付出的政策成本和生态环境成本给予补偿。

专栏 4-1　三沙市永兴岛启动垃圾源头分类，设立海洋环保专项基金

作为中国最南端的新兴城市，三沙市永兴岛特别关注环境卫生治理工作，注重保护生态系统平衡。设市以来共投入各项环保资金近 5 亿元，涉及环境保护基础设施建设、岛礁绿化、环境监测、增殖放流等多方面。2016 年，三沙市海洋生态环境保护专项基金正式启动，三沙航迹珊瑚礁保护研究所申报的“三沙永乐龙洞基础信息报告专项”成为第一个专项资金支持项目。

三沙市永兴岛使用的垃圾热能处理设备是“第三代”废物处理技术的典型，该垃圾热能处理设备对生活垃圾、餐厨垃圾、有害垃圾等可燃垃圾进行热能分解燃烧处理，垃圾减量化可达 95% ~ 97%，具有垃圾减量显著、节能、无噪、防腐防锈、占地面积小、操作简便、适用性强等优点。目前，永兴岛垃圾共分为七类。永兴岛居民按照可回收垃圾、餐厨垃圾、生活垃圾、有害垃圾分别投放到垃圾分类收集桶，由环保中心定期收集转运处理，枯枝叶、建筑垃圾进行定点投放，大件垃圾由环保中心上门收取。

资料来源：中新网，http：//www.chinanews.com/gn/2016/07-23/7949311.shtml

二、治理和改善农村环境卫生，增强农民环境保护意识

改革开放以来，我国农村经济形势逐渐转好，农民的生活质量水平也有了极大提升，由此导致农村生活垃圾数量逐渐增加。但是，由于农民环保意识的不强烈，以及农村环境卫生设施的落后，农村生活垃圾的处理难以满足社会主义新农村建设的需求。

农村生活垃圾处理效率低，最主要的原因在于农民环境保护意识较差。由于几千年来形成的生活习惯，农民没有强烈的生态保护和环境保护意识，忽视了环境保护。这就需要有关环保机构加强环境卫生保护的科普和宣传工作，借助于大数据和“互联网 +”发展时机，利用新媒体，扩大宣传力度，通过搭建公众参与平台，引导农民树立保护环境的意识，倡导绿色健康低碳生活方式，促进垃圾源头减量和回收利用，发动和组织群众进行“三清四改”（清垃圾、清杂草、清污泥，改水、改路、改厨、改厕），全面开展村容村貌整治行动，提升群众环境保护和资源保护意识。

在劳动生产方式上，积极推广农业清洁生产。清洁生产是一种对污染实施“全程控制”的新型生产管理方法，将其推广运用于农业生产经营之中，通过资源综合利用、短缺资源代用、二次能源利用以及节能、降耗、节水，可以合理利用自然资源、减缓资源的耗竭、减少废物和污染物的排放，从而有效地控制农业生态环境的污染程度，促进农产品的生产、消耗过程与环境相融洽，降低农业生产活动对人类和环境的风险。规范农药包装物、农膜等废弃物处置，大力推广秸秆综合利用，严禁秸秆随意焚烧。推广节约型农业技术，减少农业面源污染，使用节肥技术，减少化肥污染。同时，大力推广农业、生物、物理等相结合的综合防治技术，积极鼓励农民使用生物农药，减少化学农药施用量，发展农业循环经济。

三、加强城市环境卫生设施的建设和管理

环卫基础设施配套建设是落实环境卫生管理工作的前提和基础。当前的城市环境卫生设备由于技术问题或者设计不合理导致设备本身存在质量问题，加上相

关部门没有根据地区或者使用频率等来分离处理环境卫生设备，也没有进行差异化设计，导致设备在最初阶段就出现失误，在使用的过程中肯定会遇到各种问题，如果维修将会耗费大量财力，这在一定程度上就不利于环境卫生设备的维护，使环境卫生设备的质量得不到保障，使用寿命就会更加缩短[①]。

拓宽投资渠道，加大城市环境卫生设施投放力度，加快生活垃圾中转站、资源回收中心、生活垃圾焚烧发电厂、综合处理厂、餐厨垃圾处理厂、生活垃圾卫生填埋场、有害垃圾综合处理厂及建筑废弃物受纳场建设。同时，推进有害垃圾处理设施建设，在整合规范现有设施基础上，增设生活环境无害化处理中心，确保所有固体废弃物全部纳入规范和安全管理体系。

此外，加快推进现有环卫设施升级改造。现有环卫设施并不能很好地满足人民群众的需要，也不能够很好地提升城市形象，为此，应该通过拨付专项资金的形式，加强环卫配套设施建设，结合不同地区垃圾产生量，出台更为切实可行的垃圾处理办法，科学布局生活垃圾压缩转运站，进一步完善居民小区的垃圾分类收集设施，不断提升居民垃圾分类意识，真正使其意识到垃圾分类对于环境保护的作用。现在很多居民都是将厨余垃圾、生活垃圾放在一起丢入垃圾桶，没有垃圾分类处理的意识，给后期垃圾分类处理造成了一定程度的困难。

专栏 4-2 新加坡环境卫生治理

新加坡高度重视环境卫生治理工作，环境卫生管理组织体系完善，体制顺畅效率高，市场化运作非常成熟，为其经济的长期可持续发展打下了坚实基础，将其打造为著名的“花园城市”。

为加强环境卫生治理工作，新加坡政府提出“洁净的饮水、清新的空气、干净的土地、安全的食物、优美的居住环境和低传染病率”等环境目标，通过健全的法律、周密的计划、严格的执法和到位的管理对工业化的环境后遗症进行补救。

为治理垃圾、废水、废气等世界各大城市普遍感到头痛的问题，新加坡政府设立了专职部门，帮助厂家和居民提高资源的利用效率，减少

---

① 樊梨花．浅谈环境卫生设施的维护问题［J］．科技创新与应用，2016（4）．

废物的产生。早在2007年，新加坡的制造业废料有40%已得到再循环使用。政府推行的生活垃圾分类回收已在1/7的居民中实施，垃圾收集人员定期发给居民专用塑料袋和定期回收纸张、旧衣服、电器元件等可再生垃圾。新加坡的工业废水必须经处理达标后再排放，经净化的再生水重新用作工业用水。

此外，新加坡的清洁环境还得益于公共卫生教育和严厉的执法。新加坡每年都开展清洁周和绿化周活动。在新加坡的公共汽车上往往可以看到“乱扔垃圾罚款1000新元”的告示。违规者必会收到一张罚单，如果不按时交付罚款就会受到法院传讯。此外，违规者还会被有关部门召去充当反面教员，穿上标志垃圾虫的服装当众扫街，借以示众。乱扔烟蒂、随地吐痰、攀折花木、破坏草坪、驾驶冒黑烟车辆等都会受到类似惩罚。

资料来源：中国百科网，http://www.chinabaike.com/t/31251/2015/1123/3889663.html

专栏4-3　海口城乡环境卫生治理

2015年7月31日，海口市全面启动“双创”工作，把创建全国文明城市和创建国家卫生城市作为落实“四个全面”战略布局、践行“三严三实”、规范城市治理管理、提升城市品质的重要载体，作为事关海口全局、影响重大、带动发展的历史性工程。实践中，海口市以整治“脏乱差”为突破口，重点抓好城乡环境卫生、道路交通秩序、日常市容市貌、综合生态环境、公共安全秩序、城乡公共卫生“六大治理”，做到了常治常新。

据统计，全市环卫系统共组织社会各界投入20多万人次，开展较大规模的卫生大扫除活动273次，清理生活垃圾360多万吨、建筑垃圾470多万吨，生活垃圾无害化处理量80万吨，渗滤液处理量15万吨，发电量16.5亿度，垃圾无害化处理率达100%。

资料来源：http://news.0898.net/n2/2016/0726/c231190-28727930-2.html

四、完善生活垃圾处理相关法律法规

目前，我国有关生活垃圾管理的法律法规已经逐渐健全，《中华人民共和国环境保护法》《中华人民共和国固体废物污染环境防治法》《城市生活垃圾管理办法》《城市生活垃圾管理办法》等法律法规，在日常生产生活中产生了积极的影响，对于环境卫生的保护、生态系统的平衡起到了推动作用。

然而，面对日益复杂的环境卫生形势，以及立体化的环境生活污染，相关法律法规仍有进一步完善并修订的必要。首先，逐步调整传统生活垃圾处理立法的指导思想。过去人们习惯将生活垃圾作为一种固体废物，认为其毫无价值，但是，随着人类认识的逐渐深化，生活垃圾中可综合利用的成分也有很多。因此，在立法过程中，应及时转变思想。其次，完善现行法律法规内容，更多侧重可操作层面。以往法律法规过多的是一般性表述，涉及可操作性的法条较少。同时，以往关注的多是城市生活垃圾处理问题，而较少涉及农村生活垃圾处理，忽视了当前社会日益恶化的农村生活垃圾处理问题。

主要参考文献

[1]陈吉宁.牢固树立绿色发展理念补齐全面建成小康社会生态环境短板[J].时事报告：党委中心组学习，2016（1）.

[2]樊梨花.浅谈环境卫生设施的维护问题[J].科技创新与应用,2016（4）.

[3]方创琳.中国人地关系研究的新进展与展望[J].地理学报，2004（1）.

[4]巩芳.生态补偿机制对草原生态环境库兹涅茨曲线的优化研究[J].干旱区资源与环境，2016（3）.

[5]金立坚.四川省农村改水改厕现状分析[C].2005年全国农村改水改厕学术研讨会，2012.

[6]李干杰.牢固树立绿色发展理念扎实推进“十三五”生态环境保护[J].环境保护，2016（8）.

[7]孙良媛，刘涛，张乐.中国规模化畜禽养殖的现状及其对生态环境的影响[J].华南农业大学学报（社会科学版），2016（2）.

[8]王成.中国城市生态环境共同体与城市森林建设策略[J].中国城市林业，2016（1）.

[9]王金南，秦昌波，苏洁琼，等.独立统一的生态环境监测评估体制改革方案研究[J].中国环境管理，2016（1）.

[10]王如松.高效·和谐：城市生态调控原理与方法[M].长沙：湖南教育出版社，1988.

[11] 吴舜泽，王倩，万军."十三五"生态环境保护规划：把握新要求、布局新任务[J].世界环境，2016（3）.

[12] 姚伟，曲晓光.我国农村垃圾产生量及垃圾收集处理现状[J].环卫科技，2010（12）.

[13] 约瑟夫·熊彼特.经济发展理论[M].何畏，等，译.北京：商务印书馆，1990.

[14] 张英民，尚晓博，李开明，等.城市生活垃圾处理技术现状与管理对策[J].生态环境学报，2011（2）.

[15] 赵其国，黄国勤，马艳芹.中国生态环境状况与生态文明建设[J].生态学报，2016（19）.

[16] 郑慧，赵永峰.论农村经济与生态环境协调发展[J].农业经济，2016（3）.

[17] 周成，冯学刚，唐睿.区域经济—生态环境—旅游产业耦合协调发展分析与预测[J].经济地理，2016（3）.

[18] 周宏春，刘燕华.循环经济学[M].北京：中国发展出版社，2005.

[19] 朱剑红，李心萍.秸秆利用率2020年超85%[N].人民日报，2015-11-26（03）.

后记

党的十八大报告将生态文明建设放在突出地位，并且融入经济建设、政治建设、文化建设、社会建设各方面和全过程，努力建设美丽中国，实现中华民族永续发展。习近平总书记从“五位一体”总布局的战略高度，对生态文明建设提出了“生态兴则文明兴，生态衰则文明衰”“生态文明建设事关中华民族永续发展和‘两个一百年’奋斗目标的实现，保护生态环境就是保护生产力，改善生态环境就是发展生产力”等一系列新思想、新观点、新论断。中国作为农业大国，农村人口多，农村范围大，农村自然是生态文明建设的主战场。在推进生态文明建设过程中，农村生态文明建设既是关键环节，也是薄弱环节。因此，乡村振兴战略的实施，充分反映了党中央对农村生态文明建设的重视。

本书结合作者长期以来在农村基层的调研发现，生态环境的薄弱环节依然在农村，加强农村生态环境保护，对于促进我国生态文明建设意义重大。基于此，全书紧紧围绕生态环境系统、产业发展系统和人居环境系统中有关农村的相关内容，认为只有加强农村三个系统的协调，才能够促进生态文明建设进程。

文化创意产业要融入生态环境领域，其结合点就在于产业之间的融合，只要抓住了产业融合的契合点，就能够将文化创意产业融入生态环境中。但是，作为两种新兴产业，发展形式和发展模式尚在探索之中，虽然已有较为典型的案例，然而，在全国范围内可复制、可推广的经验却值得进一步挖掘与归纳。本书只是文化创意与生态环境融合发展的粗浅认识，也在不断摸索中，不当之处，敬请各位专家学者批评指正。

王寅　于法稳

2019 年 3 月